ÉTUDES

TÉRATOLOGIQUES

I.

Des Difformités congénitales produites sur le fœtus
par la contraction musculaire

(Les Veaux à tête de chien, ou niatas.)

PAR

P. DELPLANQUE

DOCTEUR EN MÉDECINE,

PRÉPARATEUR D'HISTOIRE NATURELLE A LA FACULTÉ DE MÉDECINE DE LILLE.

PARIS

OCTAVE DOIN, ÉDITEUR

8, place de l'Odéon, 8.

1885.

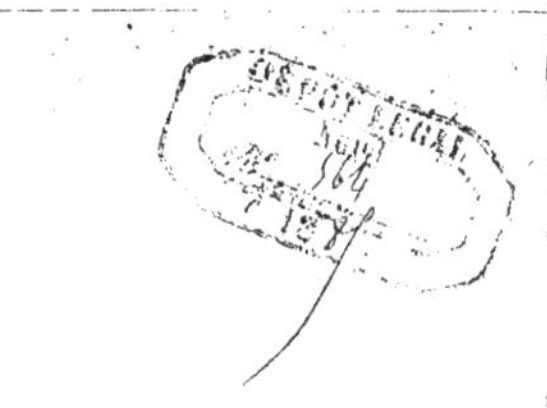

ÉTUDES TÉRATOLOGIQUES

I.

ÉTUDES

TÉRATOLOGIQUES

I.

Des Difformités congénitales produites sur le fœtus
par la contraction musculaire
(Les Veaux à tête de chien, ou niatas.)

PAR

P. DELPLANQUE

DOCTEUR EN MÉDECINE,

PRÉPARATEUR D'HISTOIRE NATURELLE A LA FACULTÉ DE MÉDECINE DE LILLE.

PARIS
OCTAVE DOIN, ÉDITEUR
8, place de l'Odéon, 8.

1885.

Tous les naturalistes de la région du Nord savent par expérience quel bienveillant accueil les travailleurs sont assurés de trouver auprès du President de la Commission d'Histoire naturelle du Musée de Douai. Non content de favoriser mes recherches dans la collection qu'il administre depuis tant d'années avec un désintéressement qui n'a d'égal que sa générosité, **M. le baron Fr. de GUERNE** a bien voulu m'aider en maintes circonstances de son influence et de ses conseils. *Je le prie d'agréer la dédicace du présent mémoire comme un faible témoignage de ma reconnaissance et de mon dévouement.*

Je ne saurais oublier que la publication de cet ouvrage vient marquer le terme de mes études médicales. Que mes Maîtres de la Faculté de Médecine de Lille reçoivent ici l'expression de ma gratitude.

M. le Professeur WANNEBROUCQ, Doyen de la Faculté, a bien voulu accepter la présidence de ma thèse. C'est une nouvelle preuve de la bienveillance qu'il n'a cessé de me témoigner au cours de mes études, et dont je suis heureux de lui présenter aujourd'hui mes bien sincères remercîments.

Je remercie tout particulièrement **M. le Professeur MONIEZ**. Depuis que je suis attaché à son laboratoire en qualité de préparateur, il a bien voulu m'honorer de son amitié et me mettre à même de tirer un large profit de son expérience et de son savoir.

MON PÈRE m'a souvent aidé de ses conseils, il a mis à ma disposition toutes les pièces qu'il possède et dont je pouvais tirer parti. Je lui en témoigne ici toute ma reconnaissance.

Que **MM. Jules de GUERNE** et **GOSSELIN** reçoivent aussi mes remercîments, pour l'obligeance qu'ils m'ont montrée au cours de mes recherches.

AVANT-PROPOS

Malgré le grand nombre de travaux dont elle a été l'objet de tous temps, la tératologie, il faut bien le reconnaître, est loin d'avoir dit son dernier mot. De nombreuses descriptions ont été publiées, mais les documents qu'elles ont fournis n'ont pas été suffisants pour qu'on puisse s'expliquer, d'une manière absolument certaine, comment se sont formées beaucoup d'anomalies.

Les classifications proposées jusqu'à ce jour sont restées insuffisantes et celà parce qu'elles s'appuyaient uniquement sur les caractères anatomiques des sujets décrits, sans tenir compte des conditions, du reste inconnues, de leur production.

Les travaux de cette époque tendent à donner à cette science une nouvelle direction. C'est ainsi que M. Dareste a pu produire à son gré, chez les oiseaux, certaines anomalies. M. J. Guérin a indiqué les véritables causes de difformités dont l'explication ne reposait, avant lui, que sur des hypothèses. Les travaux de MM. Joly et Lavocat, et ceux de mon père, ont pu expliquer certaines malformations des membres chez les mammifères, par une régression vers un type ancestral.

Je voudrais, de mon côté, faire ressortir le grand rôle que la pathologie joue dans la formation d'un grand nombre de monstruosités qu'il faudrait rapprocher et classer en *groupes pathologiques*, en comprenant dans chaque groupe tous les cas pouvant se rapporter à une maladie d'un adulte. Il est possible, vu l'état actuel de nos connaissances en cette matière, que mon travail contienne des idées que de nouvelles études seront appelées à modifier. Les lecteurs, connaissant la difficulté de ces recherches, se rappelleront que j'ai surtout voulu rassembler des matériaux susceptibles de contribuer plus tard à l'édification d'un classement qui laisse à la pathologie la place importante qu'elle doit occuper en tératologie.

INTRODUCTION

Le but que je me propose en entreprenant ce travail est d'étudier un genre d'anomalies encore peu connu, malgré la fréquence relative de sa production, au moins dans l'espèce bovine, et bien qu'il ait été déjà l'objet de quelques publications.

Les sujets sur lesquels ces anomalies ont été signalées sont désignés par les cultivateurs, et même par les vétérinaires, sous le nom de veaux à tête de chien ou à tête de boule-dogue; les difformités multiples qui les caractérisent n'étant pas de nature à leur retirer d'une manière absolue le droit à l'existence, on a pu en voir exhiber un certain nombre dans les foires, par des montreurs de curiosités. On affirme même qu'ils ont pu, grâce à des circonstances favorables, constituer à Buenos-Ayres une race qui s'est maintenue pendant quelques générations, et qui était connue, sinon renommée, dans cette partie de l'Amérique, sous le nom de *Bœufs nata* ou *niata* (camards).

On s'expliquerait difficilement comment il a pu se faire que des anomalies qui sont loin d'être rares et sur lesquelles leur faciès tout particulier appelle l'attention du vulgaire, aient échappé à l'examen sérieux des naturalistes.

Isidore Geoffroy Saint-Hilaire ne fait aucune mention des veaux à tête de chien dans son *Histoire générale et particulière des anomalies de l'organisation* (1832); la conformation de leur tête, s'il les avait connus, leur eût assuré une place près des carpes à tête de chien dont la description figure à la page 283 de son premier volume.

Otto, dans son important et riche recueil *Monstrorum sexentorum descriptio anatomica* (1841), ne leur consacre qu'une simple mention; il n'en parle pour ainsi dire qu'en passant.

Cependant, bien longtemps avant eux, en 1753, Daubenton, à la suite de sa description du bœuf (*Histoire naturelle de Buffon*, t. IV, p. 544), avait mentionné un crâne dont je me propose de transcrire plus loin les caractères, et qui ressemblait complètement à tous ceux dont j'aurai à faire mention.

Owen, dans son catalogue de la collection ostéologique du collège des chirurgiens (1853) décrit succinctement un crâne adulte provenant d'un bœuf américain de la race *niata*.

Mais il faut arriver au travail publié par M. C. Dareste (1867), alors professeur à la Faculté des Sciences de Lille, pour trouver une description complète du squelette d'un des animaux monstrueux qui nous occupent Il est seulement à regretter que M. Dareste ait borné son étude si consciencieuse à la charpente osseuse de son sujet.

Mon travail se divisera en trois parties. Dans la première, je réunirai toutes les observations que j'ai pu rencontrer sur les veaux à tête de chien ou *niata*.

Dans la seconde partie, je chercherai à tirer de ces observations toutes les conclusions théoriques dont elles contiennent les prémisses.

La troisième enfin sera consacrée à la recherche des anomalies du même genre qui peuvent avoir été observées jusqu'ici sur l'espèce humaine et sur les autres espèces animales.

PREMIÈRE PARTIE

Obs. I. — Veau. — Arrêt de développement des os de la face. — Déformation du maxillaire.

DAUBENTON, *Histoire naturelle de Buffon*, t. IV, p. 544 (1750).

« Cette tête n'a que dix pouces et demi de circonférence prise au-dessous des yeux. La fontanelle est fort ouverte; la tête, posée sur la mâchoire inférieure, a quatre pouces et demi de hauteur; le corps de la mâchoire inférieure est fort convexe en-dessous sur la longueur, et beaucoup plus à proportion qu'il ne l'est dans l'adulte. La mâchoire supérieure est enfoncée à l'endroit qui se trouve au-dessous des os propres du nez; elle est comprimée par les côtés, au devant de cet enfoncement, et tournée à droite dans toute sa longueur jusqu'à son extrémité, qui n'est pas, à beaucoup près, aussi avancée que la mâchoire inférieure, dont l'extrémité est dirigée en haut, et dont les dents sont rangées les unes devant les autres. »

Obs. II. — Bœuf adulte. — Arrêt de développement des os de la face — Déformation du maxillaire.

OWEN, *Catalogue descriptif de la collection ostéologique du collège des chirurgiens,* 1853, p. 624.

« Ce crâne est remarquable par l'arrêt de développement des nasaux, des prémaxillaires et de la partie antérieure de la mâchoire inférieure qui est, d'une manière anormale, recourbée en haut, pour venir se mettre en contact avec les prémaxillaires. Les os nasaux n'ont qu'un tiers de leur longueur ordinaire, mais ils conservent presque entièrement leur largeur normale. L'espace vide triangulaire reste entre eux, le frontal et le lacrymal ; ce dernier os s'articule avec le prémaxillaire, et il exclut ainsi le maxillaire de toute jonction avec le nasal. Les cornes sont développées sur le frontal, dans l'endroit où il forme les angles extérieurs de la crête sus-occipitale. La dentition de l'âge adulte était produite dans cet exemplaire. »

Obs. III. — Veau ayant vécu deux mois. — Arrêt de développement des os de la face et de la queue. — Déformation du maxillaire. — Raccourcissement, épaississement des os des membres. — Contracture des muscles des mâchoires et des membres. — Mains-botes. — Développement des péronés.

M. C. Dareste a publié dans les *Archives de l'agriculture du Nord de la France*, 15e année, 1867, p. 145 (*), la description d'un veau monstrueux, offert au Musée de Lille par M. Lesage, vétérinaire à La Bassée, qui n'a pu fournir sur son sujet que les renseignements fort incomplets qui suivent.

(*) Voir aussi les comptes-rendus de l'Académie des Sciences, Avril et Mai 1867.

« Ce veau, mort à deux mois, était sorti du ventre de sa mère tout naturellement. Quand, au bout de quelques heures, on a voulu le faire boire, en lui mettant le bout des doigts dans la gueule, il serrait la mâchoire à faire mal, et l'on eut dit qu'il lapait comme le chien, plutôt que d'avaler par succion. Sa voix tenait autant du chien que du veau. Le jour où il est mort, depuis une heure du matin jusqu'à six, la domestique qui le soignait m'a dit qu'il n'avait fait que hurler à faire peur. Il est mort d'une maladie articulaire. »

M. Dareste n'a étudié que le squelette de ce monstre, et il en donne une description fort complète que je crois fort utile de reproduire ici intégralement.

« La tête de ce veau se caractérise à l'extérieur par un très grand raccourcissement de la mâchoire supérieure, et par la position des narines, dont l'ouverture, au lieu d'occuper l'extrémité du mufle, est située dans sa région supérieure. La mâchoire inférieure, beaucoup plus longue que la mâchoire supérieure, la déborde en avant, de telle sorte que les dents incisives se trouvent en avant du bord antérieur de la mâchoire supérieure.

» Les os propres du nez, aussi larges que dans l'état ordinaire, sont très raccourcis d'avant en arrière, leur longueur ne dépasse pas 0,03, tandis que dans un veau mort-né que j'ai sous les yeux, elle est de 0,06.

» La tête osseuse de ce veau présente des particularités ostéologiques toutes nouvelles, et plus remarquables encore. Il résulte, en effet, du raccourcissement extrême des nasaux que ces os ne sont plus en rapport par leur bord extérieur qu'avec l'os lacrymal, et qu'ils sont complètement séparés non seulement des intermaxillaires, mais encore des maxillaires eux-mêmes. Il en résulte encore que le contour de l'orifice antérieur des fosses nasales est formé d'une manière tout à fait insolite, en haut, par les nasaux, dans la région moyenne par les lacrymaux, en bas, par les intermaxillaires.

» Les os de la mâchoire supérieure sont eux-mêmes considérablement raccourcis et, en même temps, leur forme est un peu modifiée. Le bord alvéolaire des maxillaires est très arqué et forme une courbe à convexité extérieure.

» L'intermaxillaire est très court, et beaucoup moins oblique que dans l'état normal.

» La mâchoire inférieure, dont le développement s'est opéré d'une manière complète, est remarquable par la courbure que présente sa branche horizontale, qui se retrouve dans toutes les races d'animaux domestiques caractérisées par le développement inégal des mâchoires.

» Le tronc ne présente que de très légères anomalies. On voit au sternum un enfoncement considérable La queue est très courte et réduite à trois vertèbres rudimentaires au lieu de dix-huit qui forment le nombre normal.

» Les membres sont remarquables par leur brièveté. Cette brièveté dépend surtout du raccourcissement de l'avant-bras et de la jambe, qui est proportionnellement beaucoup plus prononcé que celui des autres segments des membres.

» Chez le bœuf, dans les proportions ordinaires, les segments des membres vont en diminuant de longueur du segment supérieur au segment inférieur, comme on peut en juger par les mesures suivantes prises sur un squelette de bœuf adulte :

Membre antérieur . .	1.04	Membre postérieur. .	1.33
Humérus.	0.32	Fémur	0.43
Radius	0.30	Tibia	0 35
Canon.	0.22	Canon.	0.23

Les mesures prises sur le squelette du veau monstrueux donnent des proportions différentes :

Humérus.	0.15	Fémur	0.18
Radius.	0.095	Tibia	0.092
Canon.	0.09	Canon.	0.108

Ainsi, le radius dépasse à peine la longueur du canon du membre antérieur, et le tibia est plus court que le canon postérieur.

» Mais, ce raccourcissement des membres peut sembler, à certains égards, compensé par le développement en largeur des os qui le composent. L'épaisseur du radius, au milieu de la diaphyse, est de 0.03 et dans la tête articulaire supérieure de 0 042; en d'autres termes, elle a, dans le premier cas, le tiers, et dans le second, presque la moitié de sa longueur, 0.095. Le cubitus et la tête inférieure de l'humérus présentent de même un énorme développement. Un pareil fait existe au membre postérieur. L'extrémité inférieure du fémur et du tibia sont énormes.

» Voici l'épaisseur du tibia: 0.036 au milieu de la diaphyse, et 0.062 à son extrémité supérieure; c'est-à-dire le tiers, puis les deux tiers de la longueur 0.092. Un fait intéressant, c'est l'existence de péronés complètement développés, et s'étendant de l'articulation supérieure de la jambe à son articulation inférieure.

» On sait que les chevrotains sont les seuls animaux de l'ordre des ruminants qui possèdent un péroné complet. Partout ailleurs, cet os se trouve réduit à son épiphyse inférieure, celle qui constitue la malléole externe. Ces péronés sont d'ailleurs très grêles, et leur gracilité contraste fortement avec l'énorme épaisseur des tibias.

» L'articulation des parties antérieures sur l'avant-bras présente une déviation qui constitue une véritable main-bot, si l'on peut parler ainsi. La surface articulaire inférieure du radius est partagée en deux parties très inégales. La facette articulaire qui correspond au scaphoïde est beaucoup plus basse que celles qui répondent au semi-lunaire et au cunéiforme.

» L'articulation carpienne du cubitus est, par la même raison, beaucoup plus élevée que la facette articulaire du radius qui correspond au scaphoïde. Il résulte de cette disposition de l'articulation que le métacarpe et les doigts sont déjetés en dehors.

» En même temps, les ligaments articulaires maintiennent le métacarpe et les doigts dans un état de flexion forcée sur le carpe, flexion tout à fait contraire à l'état normal. Quant aux déviations du membre postérieur, elles tiennent seulement aux ligaments qui maintiennent le pied dans un état de flexion permanente sur la jambe, et qui rappelle, mais de loin seulement, l'espèce de pied bot que les chirurgiens désignent sous le nom de talus. »

Obs. IV. — Veau ayant vécu dix jours. — Contracture musculaire générale. — Raccourcissement et épaississement de presque toutes les pièces du squelette. — Arrêt de développement de la face, des oreilles et de la queue. — Déformation du maxillaire. — Mains-botes. — Développement des péronés. — Utérus double. — Cloaque.

(Communiquée par mon père, M. Ed. Delplanque, *Conservateur du Musée de Douai)*

Un journal de Douai annonçait le 23 Janvier 1878, qu'un veau phénomène était venu au monde à Raimbeaucourt, et paraissait disposé à vivre ; je me rendis dès le lendemain matin dans la commune indiquée, et j'y trouvai, en effet, chez le sieur Piéton, marchand de vaches, un veau, né à terme et naturellement le 21 Janvier, qui m'a présenté les particularités suivantes :

La tête grosse et très courte portait deux gros yeux saillants et des oreilles larges, épaisses, très courtes, tronquées carrément à une longueur de sept centimètres ; la mâchoire supérieure et la région nasale étaient très raccourcies ; les naseaux, au lieu d'occuper la face antérieure du mufle, étaient dirigés en haut et séparés par un sillon assez profond, rappelant ainsi la conformation des chiens à double nez ; la mâchoire inférieure était un peu arquée, et son arcade dentaire portant huit incisives mal rangées, faisait saillie hors de la bouche, en avant du mufle.

Le corps gros, ramassé, trapu, paraissait, à cela près, bien conformé ; sous le ventre se voyaient six trayons presque égaux, disposés sur deux lignes droites convergentes postérieurement, les deux premiers distants l'un de l'autre de 0.07, les deux seconds de 0.04, et les derniers de 0.02. D'avant en arrière, les trois trayons de chaque côté étaient écartés les uns des autres de 0.02 environ.

La queue manquait complètement; sa place était marquée par un bouquet de poils, trois fois plus longs que ceux des parties voisines, au centre duquel on voyait une petite surface dénudée, de la dimension d'un centime, recouverte d'une mince pellicule d'aspect cicatriciel; à travers cette pellicule le doigt reconnaissait la terminaison de la colonne vertébrale. A trois centimètres en-dessous, se trouvait une ouverture arrondie paraissant munie d'un sphincter, donnant accès dans une petite cavité en cul-de-sac, d'un centimètre de profondeur, du fond de laquelle émergeait un corps saillant, pyriforme, long de 0 015, revêtu comme la cavité qui le logeait, par une muqueuse (clitoris?). A quatre centimètres plus bas, et toujours sur la ligne médiane, un orifice unique, ayant plus de ressemblance avec une vulve qu'avec un anus, donnait issue aux excréments et à l'urine.

Les membres courts et épais avaient leurs masses musculaires très développées, dures au toucher, contracturées; leurs articulations restaient immobilisées dans un état permanent de demi-flexion; aussi le veau restait-il constamment couché. Il faisait entendre des plaintes quand on le mettait debout sur ses pattes, il ne marchait que péniblement, tout d'une pièce, et ne posait sur le sol que par l'extrême bout de ses onglons. La respiration devenait très gênée après le moindre exercice. Sa marche, néanmoins, au dire de son propriétaire, devenait chaque jour moins difficile depuis le moment de sa naissance. Les mouvements du cou et ceux de la mâchoire étaient également difficiles, raides, automatiques.

A part cette raideur générale, ce veau paraissait vigoureux et bien portant; il prenait avidement, mais non sans difficulté, le lait qu'on lui introduisait dans la bouche au moyen d'un biberon d'une simplicité toute rustique. Sa voix, rauque et saccadée, ressemblait à un aboiement. Son faciès général, on peut en juger par les détails que je viens de donner, rappelait complètement celui d'un animal affecté du tétanos.

2

Les journaux, toujours en quête de *faits divers*, ayant reproduit à l'envi la note de la feuille douaisienne annonçant la naissance du phénomène de Raimbeaucourt, la nouvelle eut bientôt fait le tour de l'Europe. Cette publicité, recherchée, du reste par le propriétaire du sujet, avait eu pour résultat de faire affluer chez lui, par la voie de la poste, les offres les plus séduisantes pour le cas où le veau continuerait à vivre.

En présence d'une telle compétition et des hautes prétentions qu'elle faisait naître, il n'était pas possible de se présenter comme acquéreur ; je me bornai donc à prier le sieur Piéton de me tenir au courant de tout ce qui pourrait arriver à son intéressant animal, et surtout de me prévenir immédiatement dans le cas où il viendrait à mourir. Le 31 Janvier, je vis arriver chez moi Piéton, qui me dit que son veau, bien portant encore la veille au soir, avait été trouvé mort le matin. J'en fis alors l'acquisition, et le fis transporter au Musée, où je pus l'étudier le lendemain.

Autopsie. — Après avoir enlevé la peau, je constate de nouveau le développement exagéré de toutes les masses musculaires du corps, et principalement de celles des membres qui sont très saillantes, et dont les tendons, surtout les fléchisseurs, sont fortement tendus et rétractés. Je conserve des moulages sur l'écorché d'un membre antérieur et d'un membre postérieur sur lesquels on peut facilement se rendre compte de cet état anormal du système musculaire. Le tissu musculaire a son aspect et sa coloration habituels.

Les régions carpiennes se sont fortement inclinées en dehors sous la pression des tendons qui s'appuient sur leur côté externe ; cette disposition vicieuse amène dans les régions digitées, une déviation en dehors analogue à celle que M. Dareste a signalée sur le sujet qu'il a étudié.

Je reviendrai avec plus de détails sur cette déviation des membres antérieurs quand j'entreprendrai la description du squelette.

L'inspection des cavités thoracique et abdominale me donne à reconnaître qu'aucun des organes respiratoires, circulatoires et digestifs (jusqu'au rectum exclusivement), ne présente d'anomalies. Les organes génito-urinaires, au contraire, me montrent une conformation aussi éloignée que possible de l'état normal.

La vessie est très longue (0.23) et très large; elle aboutit par son fond à l'ouraque, complètement obstrué, qui la rattache à l'ombilic. Son col, conformé comme l'est d'ordinaire le col de la matrice (fleur épanouie) occupe le fond d'un large vagin d'une longueur de quatre centimètres, tapissé d'une muqueuse qui présente des plis longitudinaux.

La matrice est double; de chaque côté de la vessie, je trouve un utérus tubuleux, de 0.18 à 0,19 de longueur sur 0.007 de diamètre, tapissé à l'intérieur par une muqueuse sur laquelle sont disséminés un assez grand nombre de petits boutons saillants (cotylédons), et rempli d'une matière brune demi-solide qui a l'apparence d'un caillot sanguin. Ces deux cornes utérines dépassent en avant le fond de la vessie d'environ trois centimètres ; elles sont rattachées à la vessie et à l'ouraque par un repli péritonéal qui leur constitue une sorte de ligament large. Les ovaires existent. Les deux matrices, au lieu d'aboutir au vagin, ont leurs orifices dans la vessie à environ cinq centimètres en avant de son col, et elles y débouchent par une petite éminence analogue au tubercule des uretères. Les orifices des deux uretères se trouvent à deux centimètres de distance du col vésical.

Au plafond du vagin, à environ deux centimètres en arrière du col de la vessie, se trouve une ouverture circulaire béante, orifice d'un conduit qui se dirige en avant vers la tête et aboutit après un parcours d'environ un centimètre de longueur à un sphincter fermant l'orifice du rectum.

Ce vagin, à l'extrémité antérieure duquel aboutissent les orifices superposés de la vessie et de l'intestin, est, comme je l'ai déjà dit, revêtu d'une muqueuse à gros plis comme celle du rectum, et constitue en réalité un cloaque qui recevait les excrétions de l'intestin et celles de la vessie, et les déversait ensemble au dehors par une seule ouverture dépourvue de sphincter, dont j'ai signalé plus haut l'analogie de forme avec une vulve.

Je reviens à la petite cavité tapissée par une muqueuse et logeant un petit corps comparable à un clitoris, dont j'ai déjà constaté l'existence au-dessus de l'orifice recto-vaginal ci-dessus décrit. Le court appendice qui s'y trouve est de forme cylindroïde, un peu renflé à l'extrémité ; son diamètre est d'environ huit millimètres; il est plein et son centre est constitué par un tissu très serré, de couleur rosée, lisse sur ses coupes, sans trace visible d'organisation fibreuse ou vasculaire. Je trouve entourant cette partie centrale une couche musculeuse d'environ trois millimètres d'épaisseur, recouverte par un épithélium très mince. Ce corps s'attache derrière le sacrum à gauche de son plan médian, et immédiatement au-dessous de la surface dénudée de poils qui recouvre l'extrémité du rachis.

L'examen du cerveau et de la moëlle épinière n'a pas été fait.

Squelette. — L'examen de la charpente osseuse a été fait comparativement avec celle d'un veau à terme, bien constitué, provenant de l'abattoir. Considéré dans son ensemble, le squelette est plus court, plus bas sur ses membres, plus épais dans toutes ses parties.

Le crâne est élargi et raccourci, fortement bombé, bosselé; la gouttière sus-orbitaire est plus large et plus profonde.

Les os de la face, considérablement diminués de longueur, ont, par contre, gagné un peu de largeur ; les os propres du nez, très larges et très courts, sont devenus presque carrés ; ils sont en rapport, supérieurement avec les frontaux, et latéralement avec les lacrymaux ; comme dans la tête décrite par M. Dareste, ils ont abandonné leur contact avec les intermaxillaires et avec les sus-maxillaires. Les intermaxillaires ne font plus en avant des os du nez qu'une saillie de moins de deux centimètres. Le maxillaire épaissi a ses deux branches presque parallèles depuis leurs angles postérieurs jusqu'au niveau de la deuxième avant-molaire ; à partir de ce point, elles se contournent brusquement en dedans et en haut, et leur symphyse, très épaisse, fait saillie en avant des intermaxillaires. Les six dents incisives sont sorties de leurs alvéoles, mais fort irrégulièrement rangées : les deux du milieu (les pinces) sont placées sous les premières mitoyennes et appuyées verticalement l'une contre l'autre par leurs bords tranchants; les premières mitoyennes se trouvent un peu en-dessous des deuxièmes qui seules sont rangées en ligne régulière avec les dents de coin. Le trou maxillaire est triple à gauche et quadruple à droite.

Le tableau suivant, présentant l'indication comparative du poids et des dimensions du crâne et de ses principales pièces, me dispensera d'une description plus minutieuse. Les mesures de comparaison, pour ce tableau comme pour les suivants, sont prises sur le squelette d'un fœtus à terme, de moyen développement.

	Niata.	Normal.
Poids du crâne.	440 gr.	403 gr.
Circonférence (frontaux et sphénoïde) . .	0.350	0.320
Longueur totale	0.190	0.260
Largeur aux apophyses du temporal. . .	0.124	0.117
Largeur aux zygomatiques	0.126	0.112
Hauteur du sommet des frontaux à l'angle du maxillaire	0.151	0.136
Nasal, longueur	0 025	0.072
Frontal »	0.117	0.128
Lacrymal »	0.035	0.045
Intermaxillaire, longueur	0 045	0 070
Plus grande distance entre les deux branches des intermaxillaires	0 049	0.027
Sus-maxillaire, longueur	0 085	0.122
Jugal »	0.074	0.079
Pariétal » (sur la ligne méd.)	0.046	0 052
Temporal »	0.058	0.070
Occipital, long. (suiv. le plan médian sup.).	0.010	0 009
Occipital, longueur, apophyse basilaire. .	0 033	0.035
Maxillaire »	0.152	0.202
Palatin »	0.050	0.055
Sphénoïde » (corps).	0 025	0.027
Sacrum »	0.080	0.106

La colonne vertébrale est courte (sa longueur de l'atlas au sacrum est de 0.585) et toutes les pièces qui la composent, vertèbres et sacrum, ont perdu un peu de leur dimension dans le sens antéro-postérieur; elles ont, par contre, augmenté en largeur et en épaisseur.

Le coccyx ne se compose que d'une seule vertèbre, de forme à peu près normale, mais luxée à gauche. Le canal rachidien est ouvert en avant de cette unique vertèbre caudale,

Les côtes sont courtes et élargies dans leur moitié inférieure (longueur de la septième 0,156). Les os du bassin sont, comme toutes autres pièces du squelette, raccourcis et épaissis.

MENSURATIONS

Membre antérieur gauche.

	Niata.	Normal.
Longueur totale	0.600	0.770
Omoplate, longueur	0.170	0.175
» plus grande longueur	0.090	0.096
Humérus, longueur	0.146	0.168
» diamètre au milieu du corps	0 027	0.024
» diamètre à l'épiphyse supérieure	0.045	0.045
» » » inférieure	0.059	0.062
Radius, longueur	0.106	0.165
» diamètre au milieu du corps	0 033	0.025
» » à l'épiphyse supérieure	0.048	0.050
» » » inférieure	0.048	0.055
Cubitus, longueur	0.120	0.206
» largeur inférieure	0.019	0.022
Olécrane, largeur	0.042	0.042
Carpe, hauteur	0.028	0 029
» largeur	0.052	0 049
Métacarpe, longueur	0.077	0.157
» largeur au milieu du corps	0.034	0.025
Doigts, longueur	0.080	0.099
Poids total du membre	0.378 gr.	0.431 gr.

	Niata.	Normal.
Bassin, longueur	0.184	0.208
» largeur aux iliums	0.156	0.143
» » aux ischiums	0.061	0.088

Membre postérieur droit.

Longueur totale	0.475	0.722
Fémur, longueur	0.173	0.202
» largeur au milieu du corps . . .	0.028	0.022
» » à l'épiphyse inférieure . .	0.073	0.072
Tibia, longueur.	0.093	0.211
» largeur au milieu du corps . . .	0.041	0.025
» » à l'épiphyse supérieure . .	0.060	0.070
» » à l'épiphyse inférieure . .	0.055	0.056
Péroné, longueur	0.054	»
» largeur.	0.012	»
Tarse, hauteur	0.100	0.104
» largeur	0.052	0.051
Métatarse, longueur	0.102	0.173
» largeur au milieu	0,023	0.021
Doigts, longueur	0.077	0.097
Poids total du membre	0 429 gr.	0.465 gr.

Il ressort du tableau ci-dessus que tous les os des membres ont subi un raccourcissement notable, très prononcé surtout sur les os de l'avant-bras et de la jambe, et que par une sorte de compensation, ces os ont tous plus ou moins gagné en largeur et en épaisseur. Il est à remarquer que les rayons moyens, soumis plus directement à une plus grande somme de force musculaire, se sont beaucoup plus refoulés que les autres. Ces rayons ont éprouvé, dans leur composition et dans leurs formes, les modifications suivantes :

L'omoplate a conservé à peu près sa conformation normale; son col est seulement un peu plus épais, et sa crête acromienne est un peu plus forte.

L'humérus a ses deux extrémités articulaires plus larges et plus épaisses.

Le radius, doublé de largeur, est très gros et très court; sa surface articulaire inférieure est déjetée obliquement en dehors, de telle sorte que le devant du genou n'a pour base que l'extrémité interne de cette surface.

L'augmentation de volume est surtout visible sur le cubitus dont l'olécrane est très épais, et forme plus de la moitié de sa longueur totale.

Le carpe, de composition normale, est tourné en dehors, principalement au membre gauche, où sa surface antérieure est devenue complètement latérale, ayant ainsi décrit un quart de tour en dehors (main-bote varus).

Au canon, les deux métacarpiens sont restés isolés l'un de l'autre, et leur ligne de séparation est très marquée sur toute leur longueur, en avant comme en arrière. Il existe, comme d'ordinaire, un court stylet correspondant au cinquième doigt.

Le fémur ne présente d'épaississement qu'à son extrémité inférieure.

Le tibia, encore plus réduit et plus épaissi que le radius, est devenu une sorte de bloc où l'on a peine à reconnaître les différentes parties de l'os. Son corps est à peine moins épais que ses deux extrémités articulaires.

Le péroné, dont on ne trouve presque jamais de traces dans l'état normal du bœuf, s'est ici complètement développé. Il se continue inférieurement avec l'os coronoïde qui semble en être l'épiphyse inférieure.

Le calcanéum s'est un peu raccourci et a perdu la moitié de son épaisseur normale. L'astragale est très courte; les autres os tarsiens ont conservé leur forme ordinaire.

Le métatarse est moins déformé que le métacarpe; la soudure des deux os qui le constituent paraît beaucoup moins incomplète.

Les quatre régions digitées présentent leur configuration ordinaire.

Obs V. —Veau ayant vécu six heures. — Contracture musculaire générale. — Raccourcissement et épaississement des os du crâne et des membres. — Arrêt du développement des oreilles, des os de la face et du coccyx. — Déformation du maxillaire. — Mains-botes. — Développement des péronés.

M. Lelong, vétérinaire à Lécluse, envoie au Musée de Douai, le 25 Juillet 1883, un veau venu au monde la veille chez M. Emile Caron, cultivateur à Bellone (Pas-de-Calais), et ayant vécu six heures. Sa voix, dit M. Lelong dans sa lettre d'avis, ressemblait beaucoup à celle du chien.

Examen extérieur. — Le veau, mâle, est à terme, bien développé ; la tête est camarde, la face raccourcie, les deux mâchoires paraissent avoir la même longueur ; les yeux sont saillants, les oreilles tronquées. Le fourreau, très court, est très largement ouvert, et montre la muqueuse qui tapisse son intérieur ; derrière et contre l'ouverture du fourreau, on trouve une double bourse scrotale vide. Il existe trois trayons dans le pli de l'aîne à droite, et deux à gauche.

Ecorché. — Comparé au veau de Raimbeaucourt, dont il rappelle complètement la conformation, ce veau a le corps beaucoup plus long, la tête plus grosse, les masses musculaires des membres et de l'encolure beaucoup plus épaisses ; les membres sont proportionnellement très courts. Le testicule gauche est seul sorti de son anneau inguinal. La queue, très courte, large à la base, est contournée en zig-zag.

Viscères. — Les organes digestifs, ceux de la respiration, le cœur les vaisseaux, les nerfs, ne présentent rien d'anormal. Je trouve le testicule droit dans la cavité abdominale.

Le cerveau et la moëlle épinière n'ont pas été examinés.

Squelette. — Le tronc présente ses dimensions normales. Le corps des vertèbres n'a pas subi le refoulement signalé dans l'observation précédente, toutes les régions vertébrales sont plus longues, ainsi que le bassin. Il y a sept vertèbres coccygiennes, les trois premières sont épaissies, écrasées, rapprochées les unes des autres; les trois suivantes sont allongées, irrégulières, articulées obliquement les unes sur les autres; la dernière est très petite, terminée par un cartilage en pointe.

Les côtes sont à peine épaissies à leur extrémité inférieure.

Les membres sont égaux en longueur à ceux du veau de Raimbeaucourt; ils paraissent par suite plus courts, en proportion de la plus grande longueur du corps. Les articulations en sont maintenues, par la rétraction des tendons, à l'état de flexion permanente. Les deux régions carpiennes ont éprouvé la même déformation et la même déviation en dehors (mains-botes vari).

Le crâne est plus large, plus bombé, plus épais; les frontaux présentent des saillies très accusées. Les gouttières sus-orbitaires sont larges; la gauche montre trois trous, la droite, quatre trous rapprochés deux par deux, et un cinquième au-dessus de son bord supérieur. La face est encore plus raccourcie; les os propres du nez, de même forme, sont en rapport par leur angle inférieur externe, avec les intermaxillaires. Ceux-ci, un peu plus longs, sont en saillie de 0.025 sur les os du nez. Il n'existe pas d'espace vide (larmier) entre les os du nez, les lacrymaux et les sus-maxillaires.

Les sus-maxillaires, plus écartés, présentent six trous de chaque côté. Les palatins ne se touchent plus sur la ligne médiane que par leurs extrémités antérieures; leurs extrémités postérieures sont écartées l'une de l'autre de 0.012, et leurs bords internes laissent entre eux un écartement à angle aigu (fissure palatine).

Le maxillaire offre la même disposition. Les huit incisives sont rangées presque régulièrement, et dépassent de 0.01 les extrémités des intermaxillaires (je rappelle ici qu'elles ne dépassaient pas le mufle). Il existe sept trous maxillaires à droite, et six à gauche.

	Niata	Normal.
Poids du crâne.	433 gr.	403 gr.
Circonférence (sphénoïde et frontaux) . .	0.360	0.320
Longueur totale	0.184	0.249
Largeur aux apophyses du temporal. . .	0.129	0.117
» aux zygomatiques.	0 134	0 112
Hauteur du sommet des frontaux à l'angle du maxillaire . . . , ...	0.147	0.144
Nasal, longueur	0.030	0.072
Frontal »	0.121	0.128
Lacrymal »	0.040	0.045
Intermaxillaire, longueur	0.052	0.070
Plus grande distance entre les branches des intermaxillaires	0.050	0.027
Sus-maxillaire, longueur.	0.092	0.122
Jugal »	0.072	0.079
Pariétal » (ligne médiane). .	0 074	0.052
Temporal »	0.061	0.070
Occipital » (plan médian) . .	0.009	0.011
» » apophyse basilaire.	0.034	0.035
Maxillaire, longueur	0.157	0.202
Palatin, longueur	0.048	0.055
Sphénoïde » (corps)	0.025	0.027

Colonne vertébrale, longueur de l'atlas au sacrum	0.525	0.740
Côtes, longueur de la septième.	0.156	0.172
Sacrum, longueur	0.100	0.106
» longueur	0.187	0.208
» largeur aux iliums	0.144	0.143
Bassin, largeur aux ischiums	0.062	00.88

Membre antérieur gauche.

	Niata.	Normal
Longueur totale.	0.600	0 770
Omoplate, longueur	0.168	0.175
» plus grande largeur.	0.092	0.096
Humérus, longueur	0.155	0.168
» largeur de l'épiphyse supérieure.	0.047	0 045
» diamètre au milieu du corps. .	0 028	0.024
» largeur de l'épiphyse inférieure .	0.063	0.062
Radius, longueur	0.099	0.165
» diamètre au milieu du corps. . .	0.030	0.025
» largeur de l'épiphyse supérieure .	0.046	0.050
» » » inférieure. .	0.050	0.055
Cubitus, longueur	0.110	0.206
» largeur inférieure	0.014	0.022
» largeur de l'olécrane	0.040	0.042
Carpe, hauteur	0.024	0.029
» largeur	0.050	0.049
Métacarpe, longueur . . . . ,	0.072	0.157
» largeur au milieu du corps . .	0.035	0.025
Phalanges, longueur	0.079	0.099
Poids total du membre	0.310 gr.	0.431 gr.

Membre postérieur droit.

Longueur totale.	0.470	0 725
Fémur, longueur	0 179	0.202
» largeur au milieu du corps . . .	0.029	0.022
» » à l'épiphyse supérieure . .	0 073	0.072
Tibia, longueur	0.082	0.211
» largeur au milieu du corps . . .	0.041	0.025
» » à l'épiphyse supérieure , .	0.056	0.070
» » » inférieure. . .	0 054	0 056

	Niata.	Normal
Péroné, longueur	0.054	»
» largeur au milieu	0.006	»
Tarse, hauteur	0.095	0.104
» largeur	0.051	0.051
Métatarse, longueur	0.086	0.173
» largeur au milieu.	0.032	0 021
Phalanges, longueur	0.077	0 097
Poids total du membre	0.377 gr.	0.465 gr.

La description des os des membres du n° 1 s'applique complètement à ceux du n° 2.

Aux membres postérieurs, les péronés sont très minces, rudimentaires; le droit est interrompu dans son milieu, et n'a qu'un petit noyau supérieur, et un stylet inférieur qui s'appuie sur l'os coronoïde.

Obs. VI. — Veau à terme. — Raccourcissement et épaississement des os du crâne. — Arrêt de développement des os de la face. — Déformation du maxillaire. — Fissure palatine.

Dans le courant de l'année 1873, à la suite d'une parturition laborieuse, une vache appartenant à M. Bertelet, cultivateur à Douai, mit au monde un veau monstrueux sur lequel je n'ai pu me procurer que des renseignements très incomplets. Ce veau, à terme, était, m'a-t-on dit, très volumineux, sa tête raccourcie ressemblait à celle d'un boule-dogue; les muscles de ses membres étaient fort développés, et les articulations étaient raidies, impossibles à fléchir.

Le crâne, seule partie qui ait été conservée, est très volumineux et très élargi ; le front est bombé, descend très obliquement en avant vers les os du nez ; ses gouttières sus-orbitaires sont très profondes, et présentent un trou à gauche, et deux à droite. Les jugaux et les apophyses zygomatiques des temporaux sont très saillants et très épais. Les sus-maxillaires sont très bombés et écartés l'un de l'autre inférieurement, de manière à laisser entre eux une large fissure palatine. Entre les palatins, l'écartement est de 0.03 ; au niveau des premières avant-molaires il est de 0.05.

Les intermaxillaires sont très larges, et leurs branches externes présentent une courbure très prononcée.

Les os du nez plus allongés que sur les deux sujets décrits ci-dessus, présentent, considérés ensemble, la forme d'un octaèdre presque parfait à angles inférieurs arrondis. La longueur de chacun d'eux dépasse à peine le double de sa largeur. Chacun de ces os est terminé antérieurement, vers la ligne médiane, par un court mucron. Ces os ont à peu près conservé leurs rapports ordinaires avec les frontaux, les lacrymaux et les intermaxillaires. Il existe, comme d'ordinaire un petit espace vide triangulaire (larmier) entre les frontaux les lacrymaux et les os propres du nez.

Les os formant la base du crâne (l'occipital et le sphénoïde), sont très épaissis et très élargis ; ils n'ont que peu perdu de leur longueur.

Sous la pression des volutes éthmoïdales et des cornets, qui ont pris un développement considérable, le vomer s'est abaissé et est descendu à travers la fissure palatine dans la cavité buccale, où il fait saillie obliquement, sa pointe antérieure étant dirigée à droite.

La tête, dans son ensemble, a éprouvé une légère déviation du même côté.

Le maxillaire, presque normal dans toute la partie supérieure de ses branches, seulement un peu épaissies, est très raccourci vers la symphyse, qui est relevée. Il dépasse de 0.02 l'extrémité des intermaxillaires, et porte sa rangée régulière de huit dents incisives.

MENSURATIONS

	Niata.	Normal.
Poids du crâne	580 gr.	403 gr.
Circonférence (frontaux et sphénoïde) . .	0.390	0.320
Longueur totale (sans le maxillaire) . . .	0.197	0.260
Largeur aux apophyses du temporal. . .	0.137	0.117
Largeur aux jugaux	0.146	0.112
Hauteur du sommet des frontaux à l'angle du maxillaire	0.159	0.136
Nasal, longueur.	0.049	0.072
Frontal »	0.119	0.128
Lacrymal »	0.046	0.045
Intermaxillaire, longueur.	0.057	0.070
Sus-maxillaire »	0.090	0.122
Jugal »	0.069	0.079
Pariétal, longueur sur la ligne médiane. .	0.044	0 052
Temporal » » . .	0.064	0.070
Occipital » » . .	0.037	0.009
» » » apophyse basil.	0.036	0.035
Maxillaire »	0.170	0.202
Palatin »	0.033	0.055
Sphénoïde » (corps)	0.022	0.027
Plus grande distance entre les branches externes des intermaxillaires	0.046	0.027

Obs. VII. — Veau ayant vécu soixante-douze jours. — Contracture musculaire générale. — Raccourcissement et épaississement des os de la tête et des membres. — Arrêt de développement de la face, des oreilles et de la queue. — Déformation du maxillaire. — Exophthalmie. — Mains-botes. — Développement des péronés.

Mon père m'ayant fait connaître qu'un veau à tête de chien était venu au monde, le 13 Février 1885, chez le sieur Dhennin, cultivateur à Dechy, je vais voir cet animal le 27 Février.

Il présente exactement le même faciès qui a été décrit plus haut (obs. IV et V). La tête est large, grosse; le mufle est raccourci, dépassé par la mâchoire inférieure qui se relève en avant de lui; les oreilles sont courtes, tronquées; la queue, longue à peine de 5 c., est rabougrie, contournée en forme de cédille. Les membres sont courts, épais, raidis à l'état de flexion permanente, tournés en dehors; l'appui sur le sol ne se fait que sur le bout des onglons. Le tronc présente, à peu de chose près, son aspect normal. Les organes sexuels mâles paraissent régulièrement constitués.

Les deux yeux, complètement sortis de leurs orbites, étaient sains, me dit-on, au moment de la naissance. Aujourd'hui, des frottements répétés contre les parois d'une cage trop étroite ont produit des lésions très graves de la cornée et le veau est complètement aveugle.

La voix, dont l'émission se fait naturellement, possède ses caractères ordinaires; l'appétit est bon, mais la raideur des muscles des mâchoires rend l'alimentation difficile.

L'animal reste constamment couché, il se dresse difficilement seul sur ses membres; si on le lève et qu'on le pose sur ses pattes, les quatre membres restent contracturés, fortement fléchis dans toutes leurs articulations. Les genoux (régions carpiennes) sont tournés en dehors, et cette torsion renvoie en dedans la région digitée (main-bote varus). Le veau se maintient difficilement debout, et si on le force à marcher, il n'avance qu'avec la plus grande difficulté, le cou tendu, et projetant ses membres tout d'une pièce. La marche est très vacillante, accompagnée de plaintes, et la respiration s'accélère.

Dans plusieurs visites successives, nous constatons que la situation du jeune animal se maintient dans le même état, sans aucune amélioration ; la station et la marche paraissent lui être toujours aussi pénibles; l'alimentation présente toujours les mêmes difficultés, et exigerait de petits soins que les propriétaires ne paraissent pas disposés à prendre; aussi le développement du corps est-il à peu près nul.

Nous recommandons, en cas d'un décès qui nous paraît très probable, d'en envoyer immédiatement avis au Musée de Douai ; mais, malgré la promesse qu'on nous en avait faite, le veau ayant cessé de manger, son propriétaire le fit tuer le 26 Avril par un boucher du village, et le présenta à l'abattoir le lendemain, tout préparé pour la consommation.

Mon père le racheta au boucher, et le fit transporter au laboratoire du Musée où je pus l'examiner dans la même journée.

La plus grande partie des viscères a été jetée au fumier immédiatement après l'abattage ; nous ne pouvons donc rien constater sur l'état des organes digestifs et des organes génito-urinaires. On nous remet seulement, avec le corps du veau, son foie qui ne présente rien de particulier, son poumon qui est très rétracté, et son cœur dont le volume est devenu considérable. Sa circonférence mesure 0.27 et son poids est de 370 grammes. Le cœur d'un veau de quatre semaines, pris comme point de comparaison, nous présente une circonférence de 0.21 et un poids de 185 grammes.

Écorché. — Les masses musculaires de la tête, du cou et des membres sont très épaissies ; les muscles de ces régions ont leurs insertions normales ; ils sont tous épais, durs, raccourcis, leur coloration est naturelle, ils ne sont ni infiltrés, ni indurés. Toutes les cordes tendineuses des membres sont raidies, principalement celles des muscles fléchisseurs.

Les yeux sont effrondrés et vidés; l'aspect des plaies indique que ces lésions datent déjà de plusieurs jours.

Le cerveau, à part son volume plus grand, n'offre aucune trace d'hydropisie ou d'autres lésions. Le système nerveux paraît intact.

Squelette. — Le crâne comparé à celui de l'obs. V présente à peu près la même configuration. Les os du nez ont la même forme; ils ne s'étendent plus jusqu'à l'extrémité supérieure des intermaxillaires, qui sont plus grêles et dont la branche externe est moins longue.

Les sus-maxillaires, de forme semblable, montrent des trous vasculaires multiples. Il n'existe pas de fissure palatine.

Le maxillaire, courbé et relevé vers sa symphyse, manque de symétrie dans sa forme générale; sa branche gauche est plus épaisse, plus courbée et descend plus bas que l'autre.

Les gouttières sus-orbitaires sont un peu plus étroites; on ne voit dans chacune d'elles qu'un seul grand trou, accompagné d'autres beaucoup plus petits, deux à gauche et quatre à droite.

MENSURATIONS

	Niata.	Normal.
Poids du crâne	0.576 gr.	0.403 gr.
Circonférence (frontaux et sphénoïde) . .	0.355	0.320
Longueur totale	0.186	0.260
Largeur aux apophyses du temporal. . .	0.120	0.117
Largeur aux zygomatiques	0.123	0.112
Hauteur du sommet des frontaux, à l'angle du maxillaire	0.150	0.136
Nasal, longueur	0.031	0.072
Frontal »	0.119	0.128
Lacrymal »	0.043	0.045
Intermaxillaire »	0.046	0.070
Sus-maxillaire »	0.093	0.122
Jugal »	0.071	0 079
Pariétal » (ligne médiane) .	0.046	0 052

			Niata.	Normal.
Temporal	longueur	. . . .	0.064	0.070
Occipital	»	(ligne médiane) .	0.010	0.009
»	»	(apophyse basilaire)	0 035	0.035
Maxillaire	»	. . . .	0.159	0.202
Palatin	»	. . . .	0.044	0.055
Sphénoïde	»	(corps)	0.024	0.027

Les os du tronc s'écartent très peu de l'état normal : les vertèbres sont bien développées; leur corps ne montre aucune apparence de refoulement. Les côtes ont leurs dimensions ordinaires.

Le sacrum et le coccyx ont éprouvé un arrêt de développement très prononcé. Le sacrum est très court et étroit; les vertèbres caudales, au nombre de cinq seulement, sont très irrégulières dans leurs formes.

Colonne vertébrale, longueur de l'atlas au sacrum	0.683
Sacrum, longueur	0.078
Côtes, longueur de la septième	0.174

De même que sur les sujets des obs. IV et V, les os des membres sont en général très courts, mais, par une sorte de compensation, ils sont devenus beaucoup plus épais. Il semble qu'ils aient éprouvé un refoulement dont les traces se retrouvent plus ou moins évidentes dans tous les os, mais sont surtout apparentes sur les rayons moyens des membres, au radius et au tibia, et sur les épiphyses articulaires qui sont presque toutes élargies et épaissies.

Je dois noter le développement du péroné, qui n'existe pas d'ordinaire dans le genre bœuf.

Le radius est tordu à son extrémité inférieure de manière que son angle interne se présente seul en avant; l'angle externe a reculé d'environ cinq centimètres, de sorte que la région carpienne et la région digitée paraissent s'être déviées d'un quart de tour en dehors (main-bote varus).

Les os du métacarpe, du métatarse, et les phalanges sont peu développés; les métacarpiens et métatarsiens sont complètement soudés; le stylet externe du métacarpe existe des deux côtés.

MENSURATIONS

	Niata.	Normal.
Membre antérieur gauche, longueur totale.	0.615	0.770
Omoplate, longueur	0.174	0 175
» plus grande largeur	0.095	0.096
Humérus, longueur	0.148	0.168
» diamètre au milieu du corps. .	0.026	0.024
» diamètre à l'épiphyse supérieure	0.053	0.045
» diamètre à l'épiphyse inférieure.	0.065	0.062
Radius, longueur	0.108	0.165
» diamètre au milieu du corps. . .	0.031	0 025
» diamètre à l'épiphyse supérieure .	0.052	0.050
» diamètre à l'épiphyse inférieure .	0.056	0 055
Cubitus, longueur	0.108	0.206
» largeur inférieure	0.023	0.022
» largeur de l'olécrane	0.042	0.042
Carpe, hauteur	0.025	0.029
» largeur	0.054	0.049
Métacarpe, longueur . . , ...	0.073	0.157
» largeur au milieu du corps . .	0.036	0.025
Phalanges, longueur	0.075	0.099
Poids total du membre	0,423	0.431

Le bassin, moins déformé, nous montre les dimensions suivantes :

Longueur totale	0.204	0.208
Largeur aux iliums	0.169	0.143
» aux ischiums	0.073	0.088

Membre postérieur droit, longueur totale .	0.515	0.722
Fémur, longueur	0.182	0.202
» largeur au milieu du corps . . .	0.029	0.022
» largeur à l'épiphyse inférieure . .	0.075	0.072

	Niata.	Normal.
Tibia, longueur	0.105	0.211
» largeur au milieu du corps	0.036	0.025
» largeur à l'épiphyse supérieure	0.064	0.070
» largeur à l'épiphyse inférieure	0.057	0.056
Péroné, longueur	0.066	»
» largeur au milieu	0.006	»
Tarse, hauteur	0.095	0.104
» largeur	0.049	0.051
Métatarse, longueur	0.094	0.173
» largeur au milieu	0.024	0.021
Phalanges, longueur	0.080	0.097
Poids total du membre	0.557 gr.	0.465 gr.

Les péronés sont plus minces, plus grêles que chez les veaux de Raimbeaucourt et de Bellone ; ils présentent un développement égal des deux côtés.

Le calcanéum est terminé en pointe, et très retréci dans sa partie moyenne.

Obs. VIII. — Veau à terme. — Déformation générale du crâne, du tronc et des membres. — Contracture musculaire chronique. — Arrêt de développement de la face. — Déformation du maxillaire. — Anasarque.

Otto (*) donne sous le n° 570, la description, malheureusement fort incomplète, d'un veau qui offre la plus grande analogie avec ceux qui ont été étudiés dans les observations précédentes ; je crois devoir reproduire ici *in extenso* le texte latin de l'auteur.

(*) Monstr. sexcentor. anat. descr., p. 522.

Monstrum vitulinum rhachitide congenita depravatum. — Hic vitulus maturus, masculus et rhachitide congenita deturpatus est. Pertinet autem ad id vitulorum genus, quod a piugredine nomen gerit (Fettkalb), et cujus origo a credulis hominibus ad vaccarum terrorem e canum molossorum adspectu perceptum refertur. Totum monstrum breve, crassum, tumidum et *pedibus admodum brevibus* instructum est. Maxime hæc forma in *capite* cernitur, quod *brevissimum* et *crassissimum* est, atque magnopere intumuit. Quum vitulus dissecaretur, tela cellulosa ubique larga, laxa et humida inveniebatur; musculi et viscera pallida et exsanguia erant; pectus et abdomen aliquid aquæ continebant, et viscera nullo vitio nisi nimia exiguitate laborabant. *Ossa omnia tumida et crassa,* sed laxa et sanguine infecta neque æquabiliter ossificata erant. Hoc maxime de cranio dicendum est, quod aliis locis durum et crassum, aliis tenue adeoque membranaceum apparebat; fontanella adhuc exstat; pars facialis decurtata; omne cranium valde obliquum; mandibula, quamvis lata et arcuata, tamen paullo longior est, quam maxilla superior.

Il ressort de cette description qu'Otto connaissait les *veaux à tête de chien*, mais qu'il ne les considérait pas comme des monstres; ils ne devaient constituer, à ses yeux qu'une simple variété à laquelle il n'a pas trouvé assez d'importance pour la faire figurer dans son *Recueil*; si, pour ce cas, il a fait une exception, ce doit être à cause des complications qu'il présentait : l'hydrocéphalie et l'anasarque.

Obs. IX. — Veau fœtus de six mois environ. — Déformation considérable du crâne. — Arrêt de développement des os de la face. — Déformation du maxillaire. — Fissure palatine.

Le Musée de Douai recevait de Paris, en Juin 1875, la tête d'un fœtus de race bovine à 6 ou 7 mois de gestation. Cette tête remarquable par la singularité de sa conformation, a été immédiatement moulée. Je vais la décrire d'après les notes conservées par mon père, et sur le moulage qui en a été fait.

Cette tête est peu développée, conique ; la région frontale est presque verticale, le mufle est comme incrusté dans la face, dont il est délimité par un sillon demi-circulaire et au bas de laquelle il ne forme qu'une saillie de 5 à 6 m/m. La mâchoire inférieure avance d'environ 2 centimètres en avant de la supérieure. La langue fait saillie hors de la bouche. Les lèvres et le menton sont garnis de poils assez fournis ; le reste de la tête est encore complètement nu, excepté à la place des cornes et au bord des oreilles, où l'on voit de petits bouquets de poils.

Les oreilles sont courtes, tronquées.

La mâchoire supérieure déborde largement de chaque côté et *surplombe* l'inférieure qui est complètement recouverte par les joues.

Squelette. — Le crâne est très bombé et refoulé en arrière ; les frontaux sont limités antérieurement par un rebord épais, en ourlet, qui fait saillie au-dessus des lacrymaux et d'un os supplémentaire occupant l'espace triangulaire qui dans l'état normal chez les ruminants, reste vide entre les lacrymaux, les os propres du nez et les sus-maxillaires (larmier).

Entre ces deux os et les lacrymaux, les os propres du nez sont logés dans une dépression, sorte de niche en dehors de laquelle ils ne font aucunement saillie. Les os du nez sont très réduits, un peu plus longs que larges, et leur bord inférieur, coupé presque carrément, porte une pointe courte et mousse vers la ligne médiane du crâne. Ces os sont en rapport par leur extrémité supérieure avec les frontaux, latéralement avec les os supplémentaires ci-dessus signalés, et par leurs angles inférieurs externes avec les extrémités effilées en pointes des lacrymaux et des intermaxillaires.

Les sus-maxillaires sont élargis, rejetés de chaque côté, repliés en dedans presque à angle droit entre les premières et les deuxièmes avant-molaires, et leur face externe, au lieu d'être *latérale,* comme d'ordinaire, dans toute sa longueur est devenue *antérieure* dans le premier tiers de son étendue. Entre ces deux portions formant pour ainsi dire façade, existe un intervalle *enfoncé* qui est occupé par les deux intermaxillaires. L'extrémité antérieure de ces os ne fait qu'une très légère saillie en avant des sus-maxillaires et leurs branches externes, coudées en haut à angle droit, limitent de chaque côté l'ouverture des fosses nasales; cette double ouverture a la forme de deux carrés juxtaposés.

Il existe une large fissure palatine. Les ptérygoïdiens et les palatins forment des lames allongées descendant de chaque côté presque verticalement.

Le trou occipital est très rétréci, irrégulier dans son contour.

Le maxillaire dépasse longuement les os du nez (0.018).

Les trois avant-molaires de lait sont sorties de leurs alvéoles ; les incisives sont encore incluses.

Le pariétal est en trois pièces, une impaire médiane et deux latérales. Il existe une grande fontanelle triangulaire entre les frontaux et et le pariétal.

L'anomalie est ici aussi prononcée qu'il est possible de se le figurer.

MENSURATIONS

Circonférence (frontaux et sphénoïde). . .	0.280
Longueur totale (sans le maxillaire) . . .	0.106
Largeur aux apophyses du temporal . . .	0.087
» aux sus-maxillaires	0.094
Hauteur du sommet des frontaux à l'angle du maxillaire	0.104

Nasal, longueur	. . . .	0.019
» largeur	. . . .	0.015
Frontal longueur	. . . .	0.080
Lacrymal »	. . . .	0.030
Intermaxillaire »	. . . .	0.025
Sus-maxillaire »	. . . .	0.057
Jugal »	. . . .	0.048
Pariétal »	(sur la ligne méd.)	0.019
Temporal »	. . . .	0.041
Occipital, long. (ligne médiane supérieure).		0.037
Occipital, longueur, apophyse basilaire.	.	0.017
Maxillaire »	. . . .	0.039
Palatin »	. . . .	»
Sphénoïde »	(corps).	0.008
Distance entre les branches externes des intermaxillaires	. . . .	0.029

Obs. X. — Veau fœtus de huit mois. — Déformation générale du crâne, du tronc et des membres. — Contracture musculaire. — Arrêt de développement de la face et des oreilles. — Déformation du maxillaire. — Anasarque (*). — Spina bifida. — Torticolis.

Un fœtus mâle de race bovine, d'environ huit mois de gestation, mais très peu développé est adressé de Paris au Musée de Douai en Février 1876.

Examen extérieur. — La forme générale du corps est tellement modifiée qu'il serait impossible de s'en faire une idée exacte sans recourir

(*) Observation recueillie par mon père.

au dessin qui le représente ci-après. L'abdomen est très développé et a pris la forme d'un gros cône, dont l'ombilic occupe le sommet.

L'ombilic est largement ouvert, et donne passage à une poche herniaire du volume du poing (cette poche ne contenait que du liquide). Dans les aines existent deux poches herniaires du même volume.

Les membres sont très courts, tordus en dedans; les postérieurs sont rejetés horizontalement en arrière. Les reins très larges, montrent un sillon tout le long de l'échine.

L'encolure est renversée et déviée à droite (torticolis); la tête est proportionnellement forte, le crâne est fort bombé. Le chanfrein est raccourci, et le nez est retroussé au niveau des yeux. La mâchoire inférieure est plus longue que la supérieure. Les oreilles sont tronquées. La queue est longue et repliée en zig-zag.

Le scrotum est peu développé, le fourreau a son entrée située près de l'ombilic.

Le poil est épais et rude à la queue et au bas des membres raide, et clairsemé sur la partie supérieure du tronc et des membres et autour de l'ombilic, très fin sur la paroi abdominale, où il manque même par places.

Longueur du corps du bout du nez à la base de la queue	0.43
» de la queue	0.20
» de la tête	0.17
Largeur des reins	0.13
Hauteur du corps au niveau de l'ombilic	0.31
Diamètre de l'ombilic	0.08

Écorché. — Le tissu conjonctif sous-cutané ne montre son état normal qu'à la tête, où la peau reste appliquée sur les parties sous-jacentes; partout ailleurs, la peau est soulevée par une infiltration très épaisse de sérosités (anasarque). Les muscles sont séparés les uns des autres, comme infiltrés par la sérosité qui a pénétré dans leurs intervalles et même dans leur épaisseur. Ceux de la tunique abdominale ont acquis un développement en rapport avec celui de l'abdomen, mais ils ne se montrent nulle part amincis ou étirés.

Viscères. — La cavité péritonéale contient environ deux litres de sérosité roussâtre (hydropisie ascite). Le diaphragme est intact. Les testicules sont restés dans l'abdomen, près des anneaux inguinaux.

La tunique vaginale gauche est distendue par la sérosité ; la droite, plus volumineuse, contient en outre une portion herniée de l'intestin grêle. Le pénis est normal.

Les vaisseaux ombilicaux sont en place, mais plus longs que d'ordinaire.

La caillette est très développée; son volume égale à peu près celui du rumen. Le feuillet est aussi un peu distendu. Tous les estomacs sont gorgés de sérosité glaireuse, blanche, opaline. Les intestins contiennent un liquide épais, ayant l'aspect du chyme. Les reins sont énormes; l'ouraque est très large.

La cavité thoracique et les organes qu'elle contient sont à l'état normal. Le thymus est très développé et forme goître sur toute la partie inférieure de l'encolure; les corps thyroïdes présentent leur aspect et leur volume ordinaires.

Les membres sont proportionnellement très courts, mais leurs masses musculaires sont épaissies et paraissent avoir gagné en épaisseur ce qu'elles ont perdu en longueur.

Squelette. — Rachis. La région cervicale est fortement déviée en haut et à droite. Les quatre dernières vertèbres de cette région sont affectées de *spina bifida* ; le canal vertébral est largement ouvert à leur niveau. La première dorsale a son apophyse épineuse divisée en ses deux moitiés, qui se rejoignent à leurs extrémités. Le sacrum est rétréci et relevé en arrière; la queue, composée de vingt vertèbres, est tortueuse.

Le crâne est très bombé, les frontaux, devenus presque verticaux dans leur moitié antérieure, sont fortement incurvés en arrière dans leur seconde moitié. Les os de la face sont relevés en avant, presque à angle droit avec les frontaux. Les pariétaux sont élargis et bombés; il existe une large fontanelle entre ces os et les frontaux; ils ne sont pas soudés entre eux sur la ligne médiane. La voûte palatine est largement ouverte. Les branches du maxillaire, courbées et redressées dans leur portion antérieure, dépassent les intermaxillaires d'environ 1 centimètre. Les sus-maxillaires sont élargis, bombés, redressés de chaque côté. La scissure sus-orbitaire élargie montre plusieurs trous, dont un plus grand duquel partent de chaque côté des sillons qui s'étalent en éventail sur le frontal.

Les côtes sont très élargies à leurs extrémités inférieures.

La région costale droite est relevée presque horizontalement; la gauche est encore plus relevée et les extrémités des quatre dernières côtes dépassent les sommets des apophyses épineuses dorsales.

Membres antérieurs. — L'omoplate est déformée, épaissie, raccourcie, l'acromion est très développé. L'humérus est très court, très épais.

Il en est de même du radius et du cubitus. — Le carpe, de composition normale, est luxé en dedans (main-bote varus), les os suscarpiens appliqués derrière la région carpienne s'articulent par leur extrémité avec le cubitus. Les métacarpiens soudés sont tournés en dedans ainsi que les phalanges.

Le bassin est raccourci, rétréci, épaissi, déformé, très étroit aux iliums.

Les fémurs sont très courts, luxés en dehors, très épais. Les rotules existent; la gauche est très réduite.

Les tibias sont plus longs, tournés en dehors; il n'existe pas de péronés.

Le tarse est normal; seulement, le calcanéum est tourné en dedans (pied-bot varus).

Les métatarsiens, soudés, sont tordus et dirigés en dehors.

Les phalanges sont rejetées en arrière.

MENSURATIONS

	Niata.	Normal.
Crâne : circonférence derrière le maxillaire et au sommet des frontaux	0.340	0.320
Longueur totale	0.126	0.260
Largeur aux frontaux.	0.098	»
» aux apophyses des temporaux . .	0.092	0.117
» aux jugaux	0.100	0.112
» aux sus-maxillaires	0.085	»
Hauteur du sommet des frontaux aux angles du maxillaire.	0.128	0.136
Nasal, longueur	0.015	0.072
» largeur	0.013	»
Frontal, longueur.	0.084	0.128
Lacrymal »	0.025	0.045
Intermaxillaire, longueur	0.030	0.070
Sus-maxillaire, »	0.056	0.122
Jugal »	0.045	0.079
Pariétal » (ligne médiane). .	0.042	0.052
Temporal »	0.040	0.070
Occipital » (ligne médiane) .	0.031	0.009
Maxillaire, longueur	0.102	0.202
Membre antérieur gauche, longueur totale.	0.183	0.770
Omoplate, longueur	0.049	0.175
» plus grande largeur.	0.029	0.096
Humérus, longueur	0.044	0.168
» diamètre au milieu du corps . .	0.015	0.024
Radius, longueur.	0.039	0.165
» diamètre au milieu du corps . .	0.012	0.025
Cubitus, longueur	0.042	0.206
» largeur de l'olécrane	0.012	0.042
» largeur inférieure	0.010	0.022

	Niata.	Normal.
Carpe, hauteur.	0.009	0.029
» largeur	0.018	0.049
Métacarpe, longueur	0.032	0.157
» largeur au milieu du corps. .	0.016	0.025
Phalanges, longueur (avec les ongles) . .	0.035	0.099
Bassin, longueur	0.053	0.208
» largeur aux pointes des iliums . .	0.059	0.143
» » aux ischiums	0.032	0.088
Membre postérieur droit, longueur totale .	0.184	0.722
Fémur, longueur	0.050	0.202
» largeur au milieu du corps . . .	0.015	0.022
» largeur à l'épiphyse inférieure . .	0.026	0.072
Tibia, longueur.	0.049	0.211
» largeur au milieu du corps . . .	0.015	0.025
Tarse, hauteur.	0.013	0.104
» largeur	0.020	0.051
Métatarse, longueur	0.035	0.173
» largeur au milieu	0.014	0.021
Doigts, longueur (avec les ongles). . . .	0.035	0.097

Obs. XI. — Veau à terme. — Déformation du tronc et des membres. — Contracture musculaire chronique. — Arrêt de développement de la face et des membres. — Anasarque.

Le veau qui fait le sujet de cette observation, que j'emprunte textuellement à Otto (*), me paraît présenter les rapports les plus évidents avec celui de l'observation précédente. Comme tous ceux dont

(*) Op. cit., p. 321.

il a été question jusqu'ici, il montre la déformation caractéristique de la tête, et l'arrêt de développement des os de la face ; il s'en différencie par l'état des os de ses membres, qui ont bien perdu une grande partie de leur longueur, mais qui n'ont rien gagné en épaisseur. L'anasarque qui est venu de bonne heure compliquer la contracture, a occasionné l'arrêt de développement des os en même temps qu'il amenait le passage au type chronique de la maladie nerveuse.

N° 569. — **Monstrum vitulinum rhachitide congenita affectum.** — Vitulus recens natus, monstruosissimus, masculini generis, pondus habens centum et viginti librarum, capite et trunco crassissimo et deformi, et quatuor pedibus brevissimis, nec tamen incurvatis. Cauda, anus et genitalia nihil vitiosi præbent. Deformitas animalis in quodam hydropis genere posita est, quo cutis et tela cellulosa infra collocata præter normam extensæ et caput truncusque duplo fere majora, quam natura fert, facta sunt. Turpitudo eo etiam augetur, quod cutis non æquabiliter extensa est, sed quibusdam locis saccos et quasi marsupia facit, quibus profundæ incisuræ interpositæ sunt. Auris dextra normalis, sinistra magna aquæ vesica parti externæ adhærente deturpata est. Primæ oculorum tumefactæ sunt, ut bulbi vix cerni queant, quia profundiorem locum tenent. Nares et os bene se habent, quanquam lingua longe ex ore propendet. *Rostrum* quamvis intumuerit, tamen præter normam *breve*, et mandibula aliquanto longior quam maxilla superior videtur. Inter cutem et corpus non solum tela cellulosa intermedia mollissima, soluta et magna aquæ copia infecta reperitur, sed etiam magna multitudo saccorum aquæ exstat, quorum magnitudo ita diversa est, ut alii nucem avellanam alii ovum anserinum æquent, quin imo in dextro colli latere major etiam aquæ vesica invenitur ovalis, septem pollices longa, et quatuor pollices lata. Aqua clara et limpida est. Cute et tela cellulosa cum saccis aquosis de musculis detracta, corpus multo minus apparet. In abdominis cavo magna aquæ cruentæ vis reperta est ; ceterum nihil vitiosum erat, cum omnia viscera præter hepar, quod paullo rotundius erat, justam formam et magnitudinem haberent. In cavo pectoris magna aquæ cruentæ multitudo saccis pleuræ inclusa inveniebatur; cor aliquanto minus quam esse solet, maxime autem pulmones valde deformes et parum explicati erant. Cor simul solito brevius et latius, et dextrum ejus dimidium multo majus erat, quam sinistrum. Vasorum origo plane cum natura congruit, sed quæ inter ea intercedit, ratio valde diversa est. Arteria pulmonalis amplissima pollicem fere supra originem duos parvos ramos pulmonales emittit, deinde in ductum arteriosum Botalli transiens, in aortam descendentem abit, qua magis ipsa quam propria continuari videtur. Aorta paullo minor quam arteria pulmonalis, statim in ramum ascendentem, qui sat magnus et normalis est, et descendentem, qui minor est ductu arterioso Botalli, dividitur. Dexter pulmo quatuor pollices cum dimidio longus est, sed inde a parte posteriore usque ad marginem anteriorem paullum crenatum vix unum pollicem latus et valde tenuis est; pulmo sinister duos pollices cum dimidio longus et item unum tantum pollicem latus et admodum tenuis est. Lobati non sunt pulmones Trachea eamdem habet rationem atque pulmones, ideoque angustissima est. Sceleton propriam rhachitidi congenitæ mollitiem, sanguinis abundantiam et deformitatem habebat. Cranium justo brevius et latius; pars cerebralis satis quidem magna, sed parum evoluta erat. Fontanella superior magna; etiam duæ laterales adsunt; in osse occipitis os interparietale adhuc prorsus disjunctum est; ossa frontis nimis concamerata; pars facialis cranii insigni brevitate laborabat, sed lata est; præcipue autem ossa maxillaria imminuta sunt; ossa jugalia in medio loco infra orbitas magnum tuberculum sive promontorum faciunt. Mandibula in universum item brevis est, sed minus quam maxilla superior, præ qua, dentibus in mensuram assumptis, pollicem fere prominet. Simul latior est et eo quoque vitiosa, quod exterior ejus planities, quæ levis esse solet, marginem valde prominentem ostendit, qui limbum alveolarem disjungit, et quod inferior ejus margo acutus est. Columna vertebralis satis bonam formam et justum vertebrarum numerum habet. E costarum paribus, media solito latiora sunt. Os sternum adhuc valde cartilagineum, pelvis brevis et latior est. Ossa extremitatum pro vituli maturi ætate tenuiora et brevitate insignia sunt, quæ ad omnes eorum regiones pertinet.

Obs. XII — 15 veaux. — Arrêt de développement de la face, des oreilles, des membres et de la queue. — Imperforation de l'anus. — Abouchement du rectum dans les voies urinaires.

M. Barrier, professeur d'anatomie à l'école vétérinaire d'Alfort, a fait à la Société centrale de médecine vétérinaire, dans sa séance du 9 Avril 1885, la communication suivante, que je crois utile de reproduire ici dans son entier, en l'extrayant du bulletin de la Société (année 1885, 2e trimestre).

Sur quelques cas de cynocéphalie.

« *M. Barrier :* Depuis une dizaine d'années, j'ai eu occasion » d'observer peut-être une quinzaine de sujets anormaux du genre de » celui dont je désire entretenir la Société et qui m'ont été adressés par » divers vétérinaires de mes confrères. Tous ces sujets étaient conformés » sur le même type, et tous appartenaient à l'espèce *bovine*. Ils sont » connus dans la médecine des animaux sous le nom de *veaux à tête de* » *boule-dogue*. L'aspect tout particulier de leur tête rend en effet bien » compte de cette désignation. On peut les caractériser en disant que, » chez eux, existe un *véritable arrêt de développement de toutes les* » *extrémités*.

» Ainsi la tête se montre avortée dans deux régions distinctes : les » régions faciale et auriculaire. Le mufle est fortement refoulé en » arrière ; quant aux oreilles, elles sont courtes et tronquées trans- » versalement à leur longueur, exactement comme chez les chiens » auxquels ces individus ont été comparés. Mais ces modifications ne » sont que superficielles ; elles n'entraînent nullement l'atrophie des » appareils olfactif et auditif correspondants. Les membres, aussi bien » les antérieurs que les postérieurs, sont remarquables par leur faible » longueur, surtout à partir du genou et du jarret (carpe et tarse).

» Lorsque les animaux sont placés en station quadrupédale, la » longueur de leur corps contraste singulièrement avec celle de leurs » membres; ils ressemblent sous ce rapport aux chiens bassets, et ont » même souvent comme eux les pattes torses, c'est-à-dire convexes en » dedans.

» La région coccygienne est également avortée; le plus souvent la » queue est fort rudimentaire, déviée, contournée ou redressée comme » celle du lapin, mais souvent aussi cet organe fait complètement » défaut.

» On peut se rendre compte de ces diverses particularités sur les » photographies que je fais circuler.

» Ce ne sont pas les seules pourtant que j'ai pu observer.

» Les deux derniers sujets que j'ai reçus étaient affectés d'une » *imperforation de l'anus.* Diverses tentatives avaient été faites pour » établir une communication artificielle entre le rectum et l'extérieur; » aucune n'a pu aboutir à un résultat satisfaisant.

» Dans les observations précédentes qu'il m'a été donné de faire, » mon attention ne s'est point portée sur cette particularité ni sur le » vice de conformation qu'il me reste à signaler.

» J'appelle donc l'attention sur ces faits, car il serait intéressant de » savoir s'ils sont, ainsi que je le crois, l'accompagnement habituel des » anomalies précédentes.

» Sous ce rapport, les deux seuls sujets que j'ai bien étudiés étaient » atteints d'*atresia-urethralis*; tous deux étaient males.

» Chez eux le rectum venait se terminer par un goulot étroit dans » les voies urinaires, en arrière du col de la vessie, et très exactement, » à l'origine du canal de l'urèthre, lequel venait d'ailleurs s'ouvrir comme » d'habitude sous le ventre, près de l'ombilic. L'entrée du fourreau » (prépuce) dans les deux cas, était souillée par des urines mélangées » avec du méconium.

» Quant au rectum, au-dessus de son étranglement terminal, il se » montrait démesurément dilaté et rempli de méconium; avant de » s'ouvrir dans l'urèthre, il s'infléchissait brusquement en avant et en

» bas, formant ainsi une sorte de cul de sac postérieur en regard du » point où aurait dû se trouver percé l'anus, mais à une distance d'au » moins sept ou huit centimètres. C'est à la petitesse de l'anus urethral » interne que l'on doit attribuer la mort des deux sujets dont il est » question, mort survenue au bout de quatre ou cinq jours.

» Cette imperforation de l'anus et cette embouchure anormale du » rectum dans les voies urinaires ne sont pas toujours fatalement une » cause de mort pour les animaux qui en sont affectés. Je me rappelle » avoir vu dans une foire une toute jeune velle de deux mois environ » qui offrait ce vice de conformation, et chez laquelle les excréments » s'évacuaient par la vulve.

» L'*atresia-urethralis* est évidemment le résultat de la persistance » d'une disposition normale de la vie embryonnaire, c'est-à-dire d'un » arrêt de développement.

» On sait, en effet, que chez l'embryon, les voies digestives et » génito-urinaires s'ouvrent tout d'abord dans une espèce de cavité » cloacale primitive. Ce n'est que plus tard que le cloisonnement de » cette cavité survient et différencie alors les deux sortes de conduits. » Ces faits sont connus depuis longtemps chez l'homme et chez les » animaux. Je ne les souligne ici que pour établir leur concomitance » avec les arrêts de développement de la face, des oreilles, des membres » et du coccyx, et pour appeler l'attention des observateurs sur cette » concomitance.

» La cause des malformations dont je viens de parler est peu connue » en vétérinaire. Mais on comprend que l'imagination du vulgaire ne » soit pas aussi embarrassée pour expliquer le mode de production des » *veaux à tête de boule-dogue*, que je propose d'appeler plus scientifique- » ment *veaux cynocéphales*. Toujours, c'est à la frayeur résultant de » l'apparition subite d'un boule-dogue furieux ou d'un chien enragé » pendant la durée de la gestation ou peu de temps après la saillie, que » les propriétaires rapportent la cause première de ce genre d'anomalie. » La Société trouvera bon que je n'insiste pas sur une pareille explica-

» tion qui ne repose du reste sur aucune observation sérieusement » contrôlée.

» Dans tous les cas connus de *cynocéphales*, il n'a été relevé aucune » particularité intéressante concernant la gestation et la parturition.

» Il est bon d'ajouter que les vices de conformation caractérisant » d'ordinaire la cynocéphalie n'ont jamais été constatés, en France, » tout au moins, sur les ascendants mâles ou femelles, des produits » atteints de cette monstruosité; je ne sache pas non plus que la repro- » duction de quelques-uns d'entre eux ait été observée. »

Obs. XIII. — Veau à terme. — Arrêt de développement de la face, des oreilles, de la queue, du sternum, des membres et de la peau (*). — Déformation des os de la tête — Fissure palatine. — Double déviation de la colonne vertébrale.

Mon père a tout récemment publié dans le 4e fascicule de ses études tératologiques (*) la description d'un veau qui présente un ensemble d'anomalies fort extraordinaires, et qui tout en paraissant différer considérablement, dans son aspect général, de ceux qui font le sujet de mon travail, me paraît cependant pouvoir en être rapproché, en raison de plusieurs des difformités dont est le siège son squelette, la seule pièce qu'il ait été possible d'étudier d'une manière un peu complète.

Je crois devoir reproduire ici, *in extenso*, vu son importance, cette intéressante observation, dont l'auteur, en l'insérant dans son mémoire sur la polydactylie et la syndactylie, n'ayant à prendre en considération qu'une partie seulement des particularités qu'elle présente, c'est-à-dire la conformation de ses régions digitées, a dû en rejeter au second plan certaines autres qui, considérées au point de vue où je me place, me paraissent au moins aussi intéressantes.

(*) Mémoires de la Société d'agriculture, sciences et arts de Douai, 3e série, t. I, 1885.

« Ce très curieux fœtus, d'espèce bovine, figure depuis plus de » cinquante ans dans la collection du Musée de Douai, sous la double » apparence d'une peau mal *bourrée* par un préparateur qui possédait » plus de bonne volonté que d'habileté professionnelle, et d'un squelette » naturel bien préparé par feu le docteur Tesse.

» *Aspect extérieur.* – La préparation taxidermique présente l'aspect » d'une masse informe, un peu aplatie, couverte de poils roux grossiers, » épais et courts. A une des extrémités de cette masse, qu'il n'est possible » de comparer qu'à une outre, on voit un trou béant, de direction » oblique, d'une forme irrégulièrement ovale, long de neuf centimètres » et large de sept : c'est la bouche. Au bord supérieur de ce trou, un » examen attentif fait découvrir deux petites ouvertures indiquant » l'emplacement d'un bout de nez dévié à gauche. Un peu au-dessus, on » trouve la trace des deux yeux frappés d'atrésie ; au-dessus encore deux » oreilles très courtes. Derrière les oreilles, on devine la courbure de » l'échine, et à l'extrémité de la masse opposée à l'ouverture signalée ci- » dessus, une petite queue très courte émerge en se dirigeant oblique- » ment vers le côté gauche.

» Sous la queue, et dans la même situation oblique, on constate » l'existence d'un anus, et à deux centimètres plus bas se voit une petite » saillie de forme méconnaissable, qu'on pourrait prendre pour un » scrotum rudimentaire.

» La région opposée au dos est irrégulièrement bosselée, et présente, » sur la ligne médiane, deux saillies, l'une antérieure, l'autre posté- » rieure. Derrière la saillie antérieure et du côté droit de la masse, une » sorte de moignon arrondi fait au-dessus de la peau une saillie d'en- » viron deux centimètres.

« *Squelette.* — Contrairement à ce qu'aurait pu faire supposer » l'aspect de cette enveloppe cutanée informe, le squelette qu'elle recou- » vrait est complet, et la disposition encore assez régulière de toutes ses » parties atteste qu'il ne devait exister aucun désordre grave dans la » conformation et dans l'arrangement des viscères auxquels il servait » de support,

« La colonne vertébrale complète est affectée d'une double déviation » (scoliose) : elle est d'abord déjetée à droite par une première courbure » dont le sommet se trouve à la troisième vertèbre cervicale; elle est » ensuite brusquement reportée sur le côté gauche, et le sommet de » cette deuxième courbure est à la cinquième vertèbre dorsale. Les » apophyses épineuses des 4e, 5e, 6e, 7e et 8e vertèbres dorsales sont » bifurquées à leurs extrémités supérieures; les 6e, 7e et 8e sont rappro- » chées et soudées ensemble.

« La queue, très courte, est repliée sur elle-même d'abord d'arrière » en avant, puis d'avant en arrière, et son extrémité qui seule faisait » saillie en dehors, est déviée à gauche.

» La tête est encapuchonnée, c'est-à-dire dirigée en bas, et est portée » vers le côté gauche par suite de la déviation à droite de la région » cervicale; on n'y remarque, comme difformités, qu'un raccourcisse- » ment marqué des os de la face, et une fissure palatine ayant amené » l'écartement des sus-maxillaires, et l'extension en largeur de la région » faciale.

« Les deux branches du maxillaire, pour suivre le déplacement en » dehors des mâchoires supérieures, se sont désunies dans leur sym- » physe et écartées l'une de l'autre; elles se sont en outre repliées en bas » au niveau des premières molaires de manière à former un angle droit » avec la partie postérieure de l'os. Le bord libre de leur arcade incisive » se trouve ainsi reporté à une distance de neuf centimètres de l'extré- » mité des intermaxillaires. Ces deux points délimitaient le grand » diamètre de l'ouverture buccale signalée plus haut sur la peau.

» Les deux régions costales ont subi des déformations qui ne sont » que la conséquence de la courbure de la colonne vertébrale. A gauche, » les côtes sont aplaties et élargies; à droite, toute la région s'est repliée » sur elle-même, sa convexité tournée vers l'intérieur de la poitrine. » Le sternum est séparé en deux moitiés latérales qui se sont écartées » l'une de l'autre et dont chacune est restée fixée à l'extrémité inférieure » des côtes.

« Les quatre membres sont repliés sur eux-mêmes; le veau était
» comme agenouillé dans l'intérieur de son sac cutané, et les saillies
» que j'ai signalées sur la peau étaient formées : celle de devant par
» les deux régions carpiennes rapprochées, celle de derrière par les
» deux régions rotuliennes, et le moignon du côté droit par l'olécrane.

« *Membre antérieur droit.* — L'omoplate et l'humérus ont conservé
» leur forme ordinaire. Le radius est fortement fléchi sur l'humérus, et
» son extrémité inférieure s'est contournée de manière que sa face arti-
» culaire antérieure est devenue externe.

» Il est impossible, dans l'état actuel de la pièce, d'étudier la région
» carpienne, dont les os ont dû subir quelques glissements

» Le métacarpe s'est redressé dans une direction parallèle à celle du
» radius et a continué le mouvement de torsion commencé par ce rayon,
» de sorte que sa face antérieure est tout à fait tournée en arrière. Les
» deux métacarpiens principaux (3e et 4e) ne se sont pas soudés, et
» restent isolés l'un de l'autre dans toute leur longueur. A côté du méta-
» carpien externe, on voit un stylet (5e doigt descendant jusqu'au tiers
» de sa longueur. Derrière le métacarpien interne, il s'en est développé
» un autre complet (2e) qui, à partir du milieu de sa longueur, vient se
» placer sur la même ligne que les deux métacarpiens médians, s'élargit
» à sa partie inférieure et, devenant aussi gros qu'eux, les dépasse en
» longueur d'environ un centimètre. Il est, comme les autres, terminé
» par une apophyse articulaire.

» Les deux premières phalanges des métacarpiens médians se sont
» soudées en une seule, qui porte sur sa surface articulaire un sillon
» médian, indice de la complexité de sa composition. Cette phalange est
» courte, luxée en avant, et porte une phalangine et une phalangette,
» également uniques, celle-ci munie d'un très petit onglon.

« Le doigt supplémentaire interne est complété par une première
» phalange très petite, une deuxième très longue, en forme de lame
» recouvrant les phalanges voisines, et une troisième également déformée
» et aplatie revêtue d'un très petit onglon.

« L'ensemble de cette région phalangienne est replié sur lui-même, » et prend la forme d'une crosse, dont les deux petits onglons juxtaposés » occupent la partie la plus rentrante.

« En résumé, nous trouvons sur ce membre quatre doigts, dont » trois complets et un rudimentaire. Il est surtout à remarquer que » dans les deux doigts médians, la coalescence qui existe d'ordinaire » entre les métacarpiens a disparu, tandis que les phalanges, habituelle- » ment libres, se sont réunies et confondues.

« *Membre antérieur gauche.* — Ce membre présente, dans son » ensemble, exactement la même disposition que le droit.

« Au carpe, le cinquième procarpien a glissé sur le côté du métacarpien » externe, qui ne paraît pas porter de stylet. Les métacarpiens médians » sont séparés ; les premières et les deuxièmes phalanges des mêmes » doigts sont restées libres, les troisièmes phalanges seules se sont » réunies pour constituer une phalangette unique portant à son extré- » mité libre une très petite production cornée (onglon rudimentaire). » En dedans du 3e doigt, il s'est développé un doigt complet, aussi long » que les deux autres, portant trois phalanges rudimentaires, sans trace » d'onglon.

« *Membre postérieur droit.* — Le fémur est à l'état normal ; le tibia » n'est plus représenté que par un os plat de moins d'un centimètre de » hauteur, portant sur le côté externe de sa face antérieure une émi- » nence saillante, arrondie, dont la forme rappelle celle de la rotule, et » qui, comme elle, s'interpose entre les deux condyles du fémur.

» Le tarse contourné en dehors est fortement fléchi en arrière sur » le fémur, sur la diaphyse duquel le calcanéum très mince vient appuyer » son sommet (pied bot équin). On peut reconnaitre, dans leur situation » respective ordinaire, l'astragale, l'os coronoïde et les os plats du » mésotarse.

» A la suite, vient un métatarse court (0,06) large de 4 centimètres, » en forme de parallélogramme, formé de trois os presque égaux qui » paraissent simplement juxtaposés ; ce métatarse complexe porte deux

» séries de phalanges; aux deux métatarsiens externes (3ᵉ et 4ᵉ) fait suite » une série de trois phalanges très réduites, déformées, roulées en crosse » en arrière; celles qui appartiennent au métacarpien interne (2ᵉ) sont plus » faciles à reconnaître, moins déformées, à l'exception de la dernière qui » est aplatie et accolée étroitement aux phalanges des deux autres doigts.

» Une très petite production cornée, informe, occupe l'extrême » bout de cette région digitée, sur laquelle, pour nous résumer, nous » constatons l'existence de trois doigts encore complets, mais atrophiés » dans plusieurs de leurs parties constituantes.

» *Membre postérieur gauche.* — Il est, dans ses rayons supérieurs, » d'une conformation exactement semblable à celle du membre droit. La » région digitée est aussi constituée d'une manière tout à fait analogue; » seulement le métatarse est un peu plus court, plus régulier dans sa » forme; le métatarsien externe (4ᵉ) est un peu plus long que les deux » autres; l'interne (2ᵉ) est arqué en dedans. La région digitée, plus » déformée et plus rudimentaire encore, est roulée en crosse en avant, » à son extrémité.

« Maintenant que nous avons énuméré et décrit les nombreux vices » de conformation présentés par notre sujet, si nous cherchons à le » faire rentrer dans une des catégories créées par Is. Geoffroy St-Hilaire, » il semble que c'est dans la famille des monstres ectroméliens qu'il doit » trouver naturellement sa place, bien qu'il ne possède, en réalité, que » l'apparence extérieure des caractères assignés à cette famille. Si, en » effet, l'aspect extérieur de l'animal ne laisse apercevoir aucune trace des » membres, ces appendices n'en existent pas moins, à peu près complets, » dans l'intérieur de la peau qui ne fournit plus au corps qu'une enve- » loppe d'ensemble, sans en suivre même les contours les plus généraux. » Ses caractères ne permettant de le rattacher à aucun des trois genres » de cette famille, il faudrait en créer pour lui un nouveau qui, à cause » de l'anomalie moins prononcée de conformation, devrait être placé » à la tête de la série, et auquel, à cause de la difformité encore plus » apparente que réelle des membres et de leur dissimulation complète » sous la peau, on pourrait appliquer le nom de *cryptomélie.* »

DEUXIÈME PARTIE

De l'examen comparatif des observations rassemblées dans la première partie de ce travail, il ressort qu'un certain nombre d'anomalies, atteignant principalement le système musculaire et le squelette, se retrouvent chez tous les sujets de ces observations. A ces vices de conformation viennent s'en joindre d'autres auxquels je suis porté à ne reconnaître qu'une importance secondaire, et dont l'apparition n'est pas aussi générale. Dans la première des deux catégories de dysmorphies que je viens d'établir, je rangerai tout d'abord l'état des muscles et les nombreuses difformités que présentent toutes les régions du squelette. Viendront ensuite, au second rang, quelques modifications de diverses parties du corps, l'arrêt de développement des oreilles, l'atrésie anale, les anomalies constatées dans quelques cas sur les organes génito-urinaires, et enfin l'anasarque. Je me propose d'examiner successivement ces différentes séries de difformités.

I. — État général des muscles. — L'aspect tout particulier des muscles dans les *veaux à tête de chien*, n'avait été, jusqu'ici, signalé par personne. C'est mon père qui le premier a porté son attention sur les proportions exagérées de leurs masses musculaires. Dans l'observation, restée jusqu'ici inédite, du veau de Raimbeaucourt, il les signale comme très développées. dures au toucher, contracturées. Ni Otto, ni M. Dareste, ni M. Barrier n'ont attaché d'importance à cette particularité de leur organisation, à laquelle il me paraît qu'on doit sans hésitation donner la première place ; je la considère, en effet, comme étant le point de départ de toutes les autres anomalies Les muscles, principalement ceux des mâchoires et ceux des membres, se montrent chez tous nos sujets, saillants, tendus raccourcis ; toutes les cordes tendineuses sont fortement tendues, à l'état de rétraction. Cet ensemble de caractères nous montre les muscles dans un état de contraction permanente. Chez ceux qu'il a été possible d'observer vivants, l'attitude, la difficulté de la marche, l'émission convulsive de la voix, la saillie des yeux, attestent jusqu'à l'évidence cet état de contraction généralisée.

La contraction permanente des muscles peut caractériser deux états de choses qui ont reçu des noms différents : la contracture, la rétraction musculaire.

Pour M. Jules Guérin, la contracture est un raccourcissement spasmodique aigu du muscle ; elle peut être passagère ou permanente, aiguë ou chronique, continue ou intermittente.

La rétraction musculaire est l'état d'un muscle ou de plusieurs muscles restés courts à la suite d'une atteinte de contracture convulsive. La contracture est donc un raccourcissement musculaire morbide, c'est le spasme permanent du muscle, la rétraction est le raccourcissement consécutif de la contracture. A part son défaut de longueur primitive, un muscle rétracté a recouvré en grande partie son état et ses fonctions physiologiques. *(J. Guérin, rech. sur les diff. congénit. p. 19 et 23.)*

Jules Simon (*) définit la contracture un état pathologique consistant dans la contraction permanente des muscles Cette contraction peut être passagère ou aiguë, permanente ou chronique. Dans les premiers cas, les

(*) Nouv. dict. de méd. et de chir. prat. Dr Jaccoud, t. IX, 1868, p. 265.

muscles contracturés ne subissent aucune modification de structure ; leur activité est plus grande, voilà tout; dans le second, au contraire, les fibres musculaires s'atrophient, et des éléments granulo graisseux s'interposent aux lieu et place des éléments contractiles. Il ne faut pas confondre cette forme chronique de la contracture avec la rétraction musculaire, dans laquelle, sous l'influence de paralysies incurables, de position vicieuse des membres, les muscles constamment placés dans un état de raccourcissement morbide, peuvent s'altérer dans leur organisation, dès lors, devenir par le fait de leur structure nouvelle, inaptes à leurs fonctions.

Suivant Kelsch (*) la contracture est un phénomène actif lié à un trouble dans l'innervation motrice. La rétraction constitue un raccourcissement purement passif, résultant d'une lésion de nutrition du muscle. La rétraction peut succéder à la contracture lorsque celle-ci dure au-delà d'un certain temps.

M. Jules Guérin admet également comme terme ultime de la contracture des muscles, leur transformation fibreuse et leur rétraction. Dans le cas de contracture permanente, il pense que les fibrilles musculaires disparaissent, que les gaines et le tissu intersticiel seuls persistent en s'épaississant; la contracture cesse, les muscles étant dépouillés de leurs éléments contractiles, mais elle est remplacée par la rétraction, dernier terme de l'affection nerveuse qui a donné lieu à la contracture.

Les recherches microscopiques de ces derniers temps n'ont pas confirmé cette notion; MM. Charcot et Cornil ont montré que les muscles contracturés même pendant de longues années, ne présentent que des lésions histologiques insignifiantes.

Onimus définit la contracture : un état de rigidité pathologique de la fibre musculaire différant de la contraction en ce que celle-ci est un état de rigidité physiologique. Dans la contracture comme dans la contraction, le phénomène principal est la rigidité de la fibre musculaire et son raccourcissement, entraînant les mêmes actions dynamiques et les mêmes combinaisons chimiques.

(*) Dict. encycl. sc. méd. Dr Dechambre, 3e sér., t. IV, 1876, ch. Rétraction.

La contracture est l'impossibilité d'élongation de la fibre musculaire. Il distingue la contracture active, celle où il y a une excitation réelle et où le système nerveux est mis en activité, et la contracture passive, celle où les troubles dans la nutrition de la fibre musculaire sont la cause du raccourcissement et de la rigidité, celles-ci étant produites, non par suite d'un fonctionnement trop prolongé, mais par défaut d'assimilation et de désassimilation. Quand les contractures actives passent à l'état chronique, elles se transforment en contractures passives.

Il ne faut pas confondre ces contractures passives avec la rétraction musculaire, et surtout avec la rétraction active de M. J. Guérin, qui croyait que les muscles contracturés se transformaient en tissu fibreux. La rétraction musculaire, c'est-à-dire la disparition du tissu musculaire et son remplacement par du tissu fibreux, est très rare et ne s'observe que dans des cas de myosite chronique, tandis que les lésions histologiques des contractures chroniques sont peu marquées. (*)

L'aspect des muscles de nos veaux suivant la description qui vient d'en être faite, leur augmentation de volume coïncidant avec leur raccourcissement, et, pour ceux des membres, avec la tension extrême de leurs cordes tendineuses, ne peuvent nous laisser d'hésitation ; ce sont bien là des muscles affectés de contracture. Mais cet état pathologique ne se manifeste pas à la même période sur tous nos sujets. Ainsi, tandis que la dureté, l'augmentation de volume et la coloration de presque toutes les masses charnues du corps nous montrent la contracture à l'état aigu sur les sujets des observations IV, V, VI et VII, et même, pour la tête, dans l'observation de M. Dareste, nous trouvons au contraire tous les caractères assignés ci-dessus à la contracture chronique, chez les sujets des obs. VIII et IX. Les observations de M. Barrier ne nous donnent sur ce point aucune indication.

Mais il ne suffit pas de constater ce fait, dont la valeur se réduit à celle

(*) Onimus, dictionn. encycl. sc. médic. Dr Dechambre. (1re série, t. 20, 1877), art. Contracture.

d'un symptôme; nous pouvons appliquer ici à la contracture ce que dit M. J. Guérin de la rétraction musculaire (*).

La contracture n'est à nos yeux ni le fait initial de la maladie, ni le facteur principal de la monstruosité Le muscle manque absolument d'autonomie pathologique aussi bien que physiologique; il est tenu par le système nerveux dans un état de subordination étroite (**), et la contracture n'est que la conséquence d'une surexcitation maladive des nerfs. Elle n'est donc que la manifestation d'une maladie nerveuse dont il nous reste à reconnaître l'essence. — Le fœtus peut-il, comme l'adulte ou l'enfant, être affecté par les maladies? Cette question ne me paraît plus faire aujourd'hui l'objet du moindre doute.

Otto, dans son grand ouvrage (*Monstrorum sexcentorum descriptio anatomica*), publié en 1841, admet qu'une influence maladive peut donner lieu à la production d'un grand nombre de monstruosités : « Jam supra me ita sentire significavi, eas deformitates, quæ ex nisus formativi aut excessu aut defectu aut aberratione repeti solent, plerumque non vitia primæ conformationis esse, sed tantummodo ad singulas quasdam regiones pertinere, earumque originem ex certis morbis, quibus vitiosæ partes embryonis mature correptæ fuerunt, derivandam esse. Tales morbi pro ætatis qua oriuntur diversitate, aut majorem aut minorem vim exercent et modo totum aliquot organon sive systema pessumdant, modo evolutionem ejus retardant, modo magnitudinem, formam, situm, conjunctionem et structuram varia ratione immutant.

» Si ova abortiva et embryones immature edita, accurate explorantur, in plurimis eorum singulas regiones morbis quibusdam laborare, neque ullam fetuum ætatem iis liberam esse apparet. Qui morbi quo maturius oriuntur, eo gravius et vehementius mollia et tenera embryonum organa affligi, eoque magis universam corporis formam deturpari necesse est.

» Quum autem morbi tum particulares, tum universales, qui

(*) Rech. sur les diff. cong., p. 194.

(**) Strauss : Dict. de méd. et de chir. prat. Dr Jaccoud, t. XXIII, p. 299.

embryonem nascentem corripere possunt, primamque depravationis causam afferunt, multi et varii sint, tamen nulli sæpius inveniuntur aut vehementiorem corruptelam efficiunt, quam morbi systematis nervosi. Cujus systematis partes centrales in embryonibus non solum primæ existunt, sed etiam per totam fetuum ætatem primisque infantiæ anuis magna cum vi et celeritate se evolvunt, quare fit, ut advarios morbos, præcipue ad irritativos, proclives sint. Multos enim infantes morbis cerebralibus perire, et item multos fetus ante partum mortuos eorum vestigia præbere constat. Idem minoribus embryonibus exploratis cognoscimus.......

» Jam cum illæ partes centrales systematis nervosi initio non solum mollissimæ sint, ideoque facillime violari possint, sed etiam, præsertim prima ætate, formam suam vario modo mutent, non mirum est, quod morbis mature ortis facile aut corrumpuntur aut pereunt, aut alienam a naturæ legibus formam et indolem accipiunt, neque ad justam perfectionem et evolutionem perveniunt. Quum autem præterea constet, quantam vim systema nervosum in corpore conformando habeat, et quam mirifica ratione cum multis aliis corporis partibus conjunctum sit, sine ullo negotio intelligitur, quomodo morbi, quibus systema nervosum laborat, non solum in hoc ipso, verum etiam propter illum nexum in multis aliis organis, quæ ex eo quodam modo pendent, multas diversissimasque deformitates gignere queant » (*).

Les importants travaux de M. J. Guérin ont puissamment contribué à démontrer que le fœtus et même l'embryon sont susceptibles d'éprouver la maladie qu'il considère comme le point de départ de la monstruosité, c'est-à-dire la rétraction musculaire (**).

M. Davaine, dans l'énumération qu'il fait des causes de la monstruosité (***) formule en ces termes son opinion sur cette question :

« Chez les animaux supérieurs, le système nerveux est l'ordonnateur

(*) Otto : Op. cit. intend., p. 25 et 26.

(**) J. Guérin : Œuvres, passim.

(***) Dict. enc. sc. méd. Dr Dechambre, 2e sér., t. IX, art. Monstres, p. 256.

et le régulateur des fonctions ; aussi est-on naturellement conduit à leur attribuer une part prépondérante dans le développement de l'organisme. D'un autre côté, l'observation a démontré que, après la naissance, chez l'homme et chez les mammifères, les maladies du système nerveux produisent des difformités plus ou moins graves, des altérations de la nutrition, et même des lésions pathologiques dans les parties qui sont en relation avec les nerfs affectés. Or des effets semblables peuvent évidemment être produits dans les organes soumis à l'action des nerfs aussitôt que ceux-ci entrent en exercice, c'est-à-dire avant la naissance, pendant la vie intra-utérine.

» D'après ces considérations, plusieurs savants ont attribué aux lésions du système nerveux la formation de certaines difformités congéniales, et même celle de plusieurs monstruosités. Cette opinion paraît d'autant plus rationnelle, qu'il semble évident que le système nerveux doit avoir une influence plus puissante encore lorsque les organes en voie de développement n'opposent point aux forces qui les régissent ou qui les troublent une forme définie et des connexions déterminées.

» Suivant Béclard, en l'absence du système nerveux, les organes embryonnaires ne se forment pas, ou même ils se détruisent avec la destruction de ce système. Le savant anatomiste attribuait, en outre, à la paralysie des muscles certaines déformations des membres, telles que le pied-bot.

» Plus tard, Rudolphi, puis M. Jules Guérin, ont soutenu que les déviations de cette nature sont, au contraire, l'effet de la contracture des muscles.

» Un organe ne possède pas sa fonction spéciale avant qu'il ait acquis sa constitution histologique propre. Le système nerveux, comme les autres systèmes, ne peut donc jouir des propriétés qui lui sont dévolues pendant qu'il est encore constitué par des cellules embryonnaires; or, chez l'homme, les premiers linéaments de la structure nerveuse n'apparaissent pas avant le troisième mois de la vie intra-utérine. »

Cette opinion, aujourd'hui universellement adoptée, n'a plus guère rencontré dans ces derniers temps qu'un seul contradicteur sérieux,

M. C. Dareste, qui pose, comme conclusions de ses intéressantes *Recherches sur la production artificielle des monstruosités*, ce principe, que l'origine des faits tératologiques ne peut en aucun cas être attribuée à l'intervention de causes pathologiques, mais qu'ils sont toujours la conséquence d'une modification de l'état embryonnaire, modification se produisant à l'époque où l'embryon n'est encore composé que d'éléments organiques homogènes.

« C'est alors qu'interviennent les deux procédés généraux de la tératogénie: l'arrêt de développement, fait initial de la monstruosité simple, et l'union des parties similaires, fait initial de la monstruosité double..... Les organes définitifs des êtres monstrueux apparaissent ainsi d'emblée avec leurs caractères tératologiques, dans des blastèmes préalablement modifiés par la monstruosité » (*).

Les maladies de l'embryon, et notamment l'hydropisie, d'après ses observations, déterminent toujours, quand elles atteignent un certain degré d'intensité, la désorganisation et la mort; les désordres qu'elles produisent ne peuvent jamais se réparer.

L'erreur dans laquelle est tombé M. Dareste vient de ce qu'il a voulu étendre aux mammifères à placenta, chez lesquels l'embryon monstrueux, greffé sur la mère, peut habituellement arriver vivant jusqu'à l'époque de la naissance, les conclusions d'expériences faites sur les oiseaux, chez lesquels l'embryon monstrueux, devant trouver dans l'œuf seul toutes les conditions nécessaires à son existence, périt presque toujours d'une manière fatale plus ou moins longtemps avant l'éclosion. Si M. Dareste avait étudié cette cause pathologique sur d'autres animaux où elle a le temps de produire ses effets, il y aurait vu cette corrélation de cause à effet qui l'a tant préoccupé, et qu'il n'a pas trouvée dans ses expériences (**).

On peut encore objecter à M. Dareste que l'arrêt de développement, qu'il considère comme la cause unique de la monstruosité simple, ne peut, en aucun cas, être à bon droit considéré comme une véritable *cause;* c'est toujours un *effet,* un résultat qui peut être produit par

(*) Dareste. Rech. p. 355.
(**) J. Guérin. Rech. p. 521.

plusieurs causes, parmi lesquelles la maladie ne joue pas le rôle le moins considérable.

Nous pouvons donc considérer ce point comme hors de toute contestation et définitivement acquis ; l'embryon et le fœtus sont susceptibles d'être affectés par des maladies.

Ceci posé, en recherchant parmi les manifestations maladives de la vie extra-utérine, celles qui, en l'absence de toute lésion cérébrale ou spinale, peuvent amener les modifications observées dans le système musculaire des fœtus bovins décrits dans toutes les observations que j'ai rassemblées, je n'en trouve qu'une seule, c'est la convulsion tonique généralisée qui caractérise le tétanos.

Qu'est-ce en effet que le tétanos ? C'est, d'après la définition que j'en trouve dans les auteurs classiques, une contracture douloureuse, une convulsion tonique de la totalité ou d'une partie seulement des muscles volontaires.

« Dans la contracture proprement dite, les muscles se maintiennent raides, immobiles, sans présenter d'alternatives de raccourcissement et d'allongement. Dans le tétanos, on retrouve les mêmes phénomènes auxquels viennent s'ajouter de véritables convulsions toniques. Il existe du reste une telle similitude entre les convulsions toniques du tétanos et la raideur de la contracture, que, pour beaucoup d'auteurs, les termes se confondent. Le tétanos, pour eux, est une contracture généralisée sur laquelle s'implantent des accès convulsifs » (*).

Les deux veaux observés vivants par mon père à Raimbeaucourt, et par moi à Dechy, nous ont présenté, de la manière la moins douteuse, tous les caractères d'une affection tétanique ; la raideur des membres et de l'encolure, la démarche automatique, *tout d'une pièce*, la fatigue extrême occasionnée par le moindre exercice, la difficulté de la déglution, la saillie des globes oculaires, poussée chez le veau de Dechy jusqu'à l'exophthalmie complète, constituent, sous ce rapport, autant de symptomes des plus caractéristiques.

Le trismus, décelé par la contraction permanente des muscles

(*) JULES SIMON. Dict. de méd. et de chir. prat. t. IX, 1868, p. 265.

moteurs de la mâchoire inférieure et par la difficulté de la déglutition, n'existait pas seulement sur nos deux veaux; il est signalé aussi par Lesage sur le veau de La Bassée.

L'émission saccadée, convulsive, de la voix réduite à une sorte d'aboiement, dénote la contraction des muscles du cou. Cette particularité, signalée par Lesage pour le veau de La Bassée, par mon père pour le veau de Raimbeaucourt, par M. Lelong pour celui de Bellone manquait sur le veau de Dechy, qui avait conservé sa voix normale, la maladie ne s'étant pas manifestée chez lui d'une manière aussi générale.

Le tétanos peut en effet affecter soit la totalité, soit une partie seulement des muscles du corps. Nous le voyons tout à fait généralisé sur les sujets des obs. IV et X. Les obs. V, VII et XI nous le montrent affectant principalement la tête et les membres. Le manque de renseignements empêche d'apprécier sous ce rapport les autres observations.

Il n'a pas été constaté de convulsions cloniques sur les deux sujets observés vivants; leur non-production peut s'expliquer par cette raison que chez ces veaux, la prolongation même de la vie impliquait une atténuation de la maladie et une tendance à la guérison, sinon une guérison complète. Peut-être serions-nous fondés, d'après la note fournie à M. Dareste par Lesage, à attribuer la mort de son sujet à une recrudescence de la maladie; les détails trop succints qui ont été donnés sur les derniers moments de ce veau me portent à croire qu'il a succombé, non pas, comme on le dit, à une maladie articulaire, mais à une attaque de convulsions tétaniques.

Le tétanos pourrait se déclarer à toutes les périodes de la vie intra-utérine; nous rechercherons plus loin les indices qui peuvent nous aider à reconnaitre l'époque plus ou moins éloignée de son début.

Mais comment le fœtus affecté de cette maladie peut-il continuer à vivre et à se développer quelquefois même outre-mesure ? L'explication de ce fait se trouve tout entière dans la réponse, reproduite un peu plus haut, de M. J. Guérin à M. Dareste. Le fœtus des mammifères placentaires n'a pas de vie propre ; il se développe uniquement au moyen des emprunts qu'il fait à sa mère ; ce sont ces emprunts seuls qui lui permettent de se développer jusqu'à sa naissance.

Pour le cas particulier de l'affection nerveuse qui nous occupe ici, faisons remarquer que les hommes, comme les animaux, atteints du tétanos, succombent le plus souvent à l'asphyxie causée par l'immobilisation des parois thoraciques. Le fœtus, qui n'a pas besoin encore de faire usage de son appareil respiratoire, se trouve donc à l'abri de cette cause de mort.

D'autre part, la maladie, soustraite aux influences extérieures, est rendue moins grave par la constance du milieu dans lequel se trouve plongé le fœtus, et peut plus facilement diminuer d'intensité et tendre vers la guérison ; à l'époque de la naissance le jeune être peut donc prendre possession plus ou moins entière de ses nouvelles fonctions ; son existence peut se prolonger plus ou moins longtemps, et il peut même parvenir à l'âge adulte. (Obs. II.)

Cette prolongation de l'existence ne dépend plus alors de l'affection nerveuse qui peut être complètement guérie, mais de la gravité plus ou moins grande des désordres qu'elle a amenés dans la constitution du fœtus, désordres dont nous nous occuperons un peu plus tard.

Appuyé sur des symptômes aussi caractéristiques, le diagnostic ci-dessus établi ne me paraît guère susceptible de contestation. Ce qui reste à déterminer, c'est la cause qui a pu agir, soit sur l'embryon, soit sur le fœtus, et leur faire contracter une affection de cette nature.

« L'embryon se forme et se développe sans l'intervention nerveuse de la mère chez les mammifères et les autres vivipares, aussi bien que chez les ovipares. Il n'y a aucune communication entre les nerfs de l'utérus et les enveloppes fœtales; il n'y a pas de nerfs dans celles-ci, non plus que dans le cordon ombilical. L'animation progressive du nouvel être ne saurait donc dériver d'une propagation immédiate, d'une sorte d'extension directe de l'activité nerveuse de la mère à son produit. Cette animation a son point de départ dans l'embryon ; elle se développe spontanément en lui sous l'influence de causes insaisissables (*). »

(*) G. Colin : Tr. de physiol. comp. des anim. dom., t. II, p. 591.

» Le cordon ombilical n'a jusqu'à présent offert de nerfs qu'au voisinage de l'embryon; il paraît donc dépourvu de nerfs dans la majeure partie de sa longueur (*). »

On ne peut donc songer à la possibilité d'une propagation de n'importe quelle maladie nerveuse de la mère à son produit : une mère atteinte du tétanos ne pourrait en aucun cas transmettre cette affection au fœtus qu'elle porte. Il faut de toute nécessité que la cause productive de la contraction agisse directement sur le système nerveux de celui-ci.

D'autre part, si nous passons en revue les causes assignées au tétanos chez les adultes ou chez les nouveaux-nés, nous n'en trouvons guère qu'une qui puisse agir sur le fœtus enfermé dans la matrice, mais c'est celle qui est considérée comme la plus puissante : l'influence du froid; le tétanos idiopathique n'est-il pas le plus souvent désigné sous le nom de tétanos *a frigore*?

Mais à quelles causes de brusque refroidissement le fœtus peut-il se trouver exposé, protégé comme il l'est par les organes qui l'enveloppent? Ces causes, on doit le reconnaître, ne se produisent que trop fréquemment, surtout dans les pays où les animaux domestiques des espèces bovine et ovine sont tenus en pâturage pendant toute la durée de la bonne saison. Au premier rang de ces causes, il faut mentionner le décubitus prolongé des vaches pleines dans l'herbe et sur la terre humides principalement pendant l'arrière-saison. La plus grande rareté de la production chez le mouton des anomalies qui nous occupent, pourrait provenir de ce que les brebis, à cause de l'épaisseur de leur toison, se trouveraient mieux protégées contre le refroidissement.

Une autre cause peut se trouver dans l'ingestion rapide d'une grande quantité d'eau froide, qui est susceptible d'impressionner le fœtus à travers les membranes juxtaposées de l'estomac et de l'utérus. L'eau froide, ingérée à jeun en quantité assez considérable par les juments pleines, suffit pour provoquer des mouvements vifs et saccadés du fœtus, qui décèle ainsi son existence du cinquième au sixième mois de la gestation. C'est un procédé journellement employé par les éleveurs

(*) KOLLIKER : Embryol., p. 362.

quand ils veulent s'assurer de l'état de plénitude de leurs poulinières. Or, chez la jument, le contact de l'estomac et de l'utérus ne peut s'établir que par une surface assez restreinte, tandis que chez la vache, le rumen, d'une vaste étendue, occupe toute la longueur de la cavité abdominale, et enveloppe presque complètement la matrice. On comprend donc que l'impression reçue, dans ce cas, par le fœtus se fasse sentir bien plus vivement, et ait, sur ses organes encore en voie de formation, un retentissement bien plus considérable.

Ainsi s'expliquerait, de la façon la plus naturelle, la plus grande fréquence, sur l'espèce bovine, de ces accidents nerveux et des anomalies qui peuvent en être les conséquences.

II. — Dysmorphies du squelette. — Les descriptions comprises dans la première partie de ce travail nous permettent de constater sur le squelette de tous nos sujets de nombreuses difformités, qui peuvent en affecter toutes les régions, et en modifier les os de toutes les façons, aussi bien dans leur forme que dans leurs dimensions. Toutes ces modifications apportées à l'état normal ne doivent être attribuées qu'à une seule et même cause génératrice, à l'action pervertie du système nerveux : « le système nerveux, troublé, altéré par la maladie, imprime à la genèse des organes un trouble qui se traduit par trois ordres d'effets également évidents : *il pervertit, il arrête* ou *empêche* toute action formatrice (*). »

Cette action modificatrice du système nerveux s'exerce le plus souvent par l'intermédiaire de la fonction musculaire, sous l'influence immédiate de laquelle les os sont toujours étroitement maintenus pendant tout le cours de l'existence. « Tout, dans la forme du système nerveux osseux, porte la trace de quelque influence étrangère, et particulièrement de la fonction musculaire. Il n'est pour ainsi dire pas une seule dépression ni une seule saillie du squelette dont on ne puisse trouver la cause dans une force extérieure qui a agi sur la matière osseuse, soit pour l'enfoncer, soit pour la tirer au dehors. Ce n'est donc pas une exagération méta-

(*) J. Guérin : Op. cit., p. 194.

phorique que de dire avec Marey (*Rev. scien.*, 1873) : l'os subit, comme une cire molle, toutes les déformations que les forces extérieures tendent à lui imprimer, et malgré sa dureté excessive, il résiste moins que les tissus les plus souples aux efforts qui tendent à changer sa forme (*).

Si, même à l'âge adulte, le système nerveux, agissant par l'intermédiaire des muscles, peut amener dans la forme des os des modifications aussi profondes, n'est-il pas évident qu'il doit avoir une influence plus puissante encore lorsque les organes en voie de développement n'opposent point aux forces qui les régissent ou qui les troublent une forme définie et des connexions déterminées? (**).

» L'altération primitive des centres nerveux produit deux grandes classes d'effets, suivant qu'elle atteint, chez l'embryon, le grand régulateur de l'organisation, le système nerveux, à telle ou telle époque de son développement : si c'est dès l'origine, elle trouble l'harmonie préétablie de l'ensemble, bouleverse les rapports des parties, modifie le développement des organes, leurs dimensions; elle entraîne les vices de conformation les plus disparates. Si, au contraire, elle n'arrive que lorsque le plan général est réalisé, lorsque toutes les parties ont reçu leur impulsion, chez le fœtus, par exemple, elle ne fait qu'influencer la forme des parties, d'où des *difformités* (***) seulement.

On doit distinguer dans l'étude des dysmorphies, les déformations et les difformités. La déformation suppose la perte d'un état normal antérieur; la difformité suppose une anomalie de l'évolution, une malformation. L'état normal n'a jamais existé chez les malformés; les déformations sont toujours acquises, les difformités sont souvent congénitales (****).

Considérées au point de vue de cette distinction, toutes les anomalies observées sur les os des sujets décrits me paraissent rentrer dans la catégorie des malformations; si l'état normal a jamais existé pour ces

(*) Dally : Dict. encycl. sc. méd. 1re sér., t. XXIX, p. 299, art. Difformités.

(**) Davaine : Dict. encycl. sc. méd., 2e sér., t. IX, p. 256, art. Monstres.

(***) J. Guérin : Discussion avec M. Joly, Gaz. méd., 1866.

(****) Dally : Dict. encycl. sc. méd., art. Déform. et difformités.

organes, il est permis de supposer qu'il n'a guère survécu à la période embryonnaire ; les modifications de forme subies par les pièces du squelette leur ont été imprimées avant qu'elles aient acquis ou au moins complété leur ossification.

Pour faciliter l'étude comparative, que je me propose de faire, de la charpente osseuse de ceux des sujets décrits entre lesquels il est possible d'établir un parallèle, j'étudierai successivement toutes les grandes régions du squelette, en faisant précéder cet examen d'un tableau offrant les dimensions constatées sur chaque pièce, en regard des mêmes mesures prises sur un veau à terme et bien conformé.

TRONC.

COLONNE VERTÉBRALE	NORMAL	PROP.	OBS. 4	PROP.	OBS. 5	PROP.	OBS. 7	PROP.
Long. de l'axe à la dernière lombaire.	0.740	100	0.585	79.1	0.645	87.1	0.683	92.5
Sacrum, long.	0.106	100	0.080	75.5	0.100	94.5	0.078	73.7
Coccyx, long.	0.330	100	0.018	5.4	0.070	21.2	0.065	19.7
7e côte, long.	0.172	100	0.156	90.8	0.156	90.8	0.174	101.2
Sternum, long.	0.176	100	0.160	91.0	0.153	87.0	0.166	94.5

Il ressort de ce tableau que le tronc est la partie du squelette qui s'éloigne le moins de l'état normal. La colonne vertébrale a éprouvé un raccourcissement notable, surtout chez le veau de Raimbeaucourt (obs. IV) ; le corps des vertèbres dorsales et lombaires est devenu plus court sous l'influence de l'action exercée directement sur elles par la contracture des muscles du dos, et principalement du long dorsal. Mais en même temps, ce corps a gagné en largeur et en épaisseur ; l'action continue des muscles a produit sur le tissu osseux un refoulement absolument analogue à celui que l'action du marteau fait subir à une pièce de fer chauffée au rouge. Les apophyses épineuses sont restées intactes, hormis sur le sujet de l'obs. X, chez lequel une complication d'hydrorachis a amené la production d'un spina bifida des quatre dernières vertèbres cervicales.

Le sacrum est, presque partout, frappé d'arrêt de développement, mais seulement dans sa longueur; il a conservé et même un peu augmenté sa largeur à sa partie antérieure pour s'adapter aux os des îles, eux-mêmes un peu amplifiés.

La queue a avorté plus ou moins complètement; au lieu de 18 à 20 vertèbres, nombre ordinaire, elle n'en a plus que trois sur le veau de M. Dareste (obs. III), une seule sur le sujet de l'obs. IV, sept sur celui de l'obs. V, et M. Barrier l'a trouvée rudimentaire sur les veaux qu'il a observés. Les vertèbres s'y montrent toujours déformées ou amoindries, et sous l'influence de la contraction permanente de ses muscles, la queue se montre toujours, quand elle existe, contournée d'une manière plus ou moins bizarre.

La poitrine a perdu en moyenne environ un dixième de sa capacité normale; les côtes, assez régulières, sont seulement un peu élargies dans leur portion inférieure. La colonne vertébrale n'a éprouvé, dans presque tous les cas, aucune déviation; de cette constatation générale, il faut pourtant excepter le sujet de l'obs. X, affecté d'une déviation latérale, à droite, de la région cervicale. J'aurai plus tard l'occasion de m'occuper de ce veau, sur lequel il existait une affection de la moëlle (hydrorachis cervical), et dont la maladie nerveuse s'était compliquée d'une affection du système circulatoire (nerfs trophiques).

Le veau cryptomèle (obs. XIII) offre aussi une double déviation latérale du rachis sur laquelle je me propose de revenir un peu plus loin. Je note ici seulement, sur ce sujet, la soudure de trois apophyses épineuses, qui se sont trouvées en contact par suite de la déviation de la région thoracique.

TÊTE ENTIÈRE.

	Suj. normal	Prop.	Obs. 4	Prop.	Obs. 5	Prop.	Obs. 6	Prop.	Obs. 7	Prop.
Circonférence	0.320	100	0.350	109.3	0.360	112.5	0.390	121.9	0.355	110.9
Longueur	0.260	100	0.190	73.1	0.184	70.7	0.197	75.8	0.186	71.5
Largeur (temporaux)	0.117	100	0.124	105 9	0.129	110.2	0.137	117.1	0.120	102.5
Largeur (jugaux)	0.112	100	0.126	112.5	0 134	119.6	0 146	130.3	0.123	109.8
Hauteur	0.136	100	0.151	111.0	0 147	108.0	0.152	116.9	0.150	110.3
Poids	0.403	100	0.440	109.1	0.433	107.4	0.580	143.9	0.576	142.9
Capacité	245 cc	100	250	102.0	250	102.0	270	108.0	290	116.0

CRANE.

	Suj. normal	Prop.	Obs. 4	Prop.	Obs. 5	Prop.	Obs. 6	Prop.	Obs. 7	Prop.
Sphénoïde	0.027	100	0.025	92.5	0.025	92.5	0.022	81.5	0.024	88.8
Occipital apoph. basil.	0.035	100	0.033	94.2	0.034	97.0	0.036	102.6	0.035	100
Occipital part. supre.	0.009	100	0.010	111.0	0.011	122.0	0.037	410	0.010	111
Temporal	0.070	100	0 058	83.0	0.061	87.0	0.064	91.5	0.064	91.5
Pariétal	0.052	100	0.046	88.5	0 074	142.4	0.044	84.5	0.046	88.5
Jugal	0.079	100	0.074	93.5	0.072	91.1	0.069	87.2	0.071	90.0
Frontal	0.128	100	0.117	91.5	0.121	94.6	0.119	93.0	0.119	93.0

FACE.

	Suj. normal	Prop.	Obs. 4	Prop.	Obs. 5	Prop.	Obs. 6	Prop.	Obs. 7	Prop.
Nasal	0.073	100	0.025	34.7	0.030	41.6	0 049	68.0	0.031	43.0
Lacrymal	0.045	100	0 035	77.8	0.040	89.0	0.046	102.2	0.043	95.5
Sus-maxillaire	0.122	100	0.085	69.5	0.092	75.4	0.090	73 6	0.093	76.1
Intermaxillaire	0.070	100	0.045	64.2	0.052	74.2	0.075	107.0	0.046	65.6
» **distance des branches.**	0.027	100	0.049	181.5	0.050	185.5	0.046	170.5	0.043	159.5
Palatin	0.055	100	0.050	91 0	0.048	87 0	0.033	60.0	0.044	80.0
Maxillaire	0.202	100	0.152	75.3	0.157	77.7	0.170	84.1	0.159	78.7

TÊTE.

Obs. I. — Circonférence, 10 pouces et demi = 0.284. — Hauteur, 4 pouces et demi = 0.121.

La tête considérée dans son ensemble s'éloigne de l'état normal par le développement de sa portion crânienne et surtout par le raccourcissement très marqué de sa portion faciale. Il est remarquable que, dans tous ces sujets, l'axe céphalo-rachidien est surtout frappé d'arrêt de développement à ses deux extrémités, la face et le coccyx. Ces deux régions sont cependant moins immédiatement que celles qui leur sont intermédiaires, soumises à l'action de la contraction musculaire. Il ne me paraît possible d'expliquer ce fait que par une sorte d'irradiation de l'action nerveuse pervertie arrêtant le développement de ces deux points extrêmes.

Le crâne est devenu plus large, plus bombé, plus irrégulier dans sa forme; ces difformités trouvent leur explication dans les tiraillements exercés sur lui dans tous les sens par les muscles qui l'enveloppent. Les muscles masticateurs externes, les masséters, plus puissants que les internes, amènent, par la permanence de leur contraction, l'écartement et l'épaississement des branches du maxillaire, qui entraînent dans leur déviation latérale les arcades dentaires des sus-maxillaires. Cet écartement des sus-maxillaires, procédant d'arrière en avant, peut occasionner la disjonction plus ou moins étendue, quelquefois complète, de la voûte palatine.

L'augmentation de poids constatée partout dénote que la densité des os du crâne est devenue plus grande. Il convient, dans toutes les comparaisons de poids, de se rappeler que le veau de Dechy (obs. VII) a vécu deux mois et demi et que ses os, pendant ce temps, ont beaucoup plus augmenté en densité qu'en longueur (v. tous les tableaux de comparaison).

La tête décrite par Daubenton avec ses dimensions de 10 pouces et demi (0.84) de circonférence, et de 4 pouces et demi (0.21) de hauteur, et avec sa fontanelle fort ouverte, provenait évidemment d'un fœtus moins avancé en développement, arrivé tout au plus au troisième mois de gestation.

L'examen du tableau ci-dessus et celui des têtes figurées sur les planches I et III, montre que tous les os qui entrent dans la composition de la boîte crânienne ont subi une diminution dans le sens de la longueur, mais que cette diminution est largement compensée par une augmentation dans le sens opposé. Cette différence est surtout sensible sur le crâne de l'obs. VI.

Les os qui forment la base du crâne, c'est-à-dire, sur le plan médian, le sphénoïde, l'apophyse basilaire de l'occipital et une portion des frontaux, et latéralement, les temporaux, les jugaux et la partie inférieure des pariétaux, ont été *refoulés* par la contraction des muscles qui les enveloppent, et ont perdu une partie de leurs dimensions en gagnant de l'épaisseur. Les portions osseuses qui entrent dans la composition de la voûte du crâne ont, par compensation, pris un plus grand développement afin de donner place au cerveau, qui s'est trouvé soulevé par suite du rétrécissement et du relèvement du plancher crânien.

Le cerveau (à part l'obs. VI) a gardé à peu près son volume normal.

Les cavités orbitaires ne présentent aucun amoindrissement; la saillie des globes oculaires doit donc avoir pour cause unique la contracture des muscles palpébraux.

Les os de la face ont tous été frappés de raccourcissement; mais parmi eux, ce sont surtout les os propres du nez qui ont été affectés par cet arrêt de développement. Les sus-maxillaires, dont les arcades dentaires se sont écartées l'une de l'autre, ont replié en dedans leurs extrémités antérieures, pour s'accommoder au recul des os du nez. Les intermaxillaires, moins raccourcis que les nasaux, ont abandonné leurs rapports habituels avec ceux-ci et leurs branches externes montantes ne s'appuient plus que sur les sus-maxillaires.

Le maxillaire, proportionnellement moins raccourci que les autres os de la face, s'est relevé dans sa partie antérieure, à partir des premières molaires, pour suivre le mouvement de recul des os propres du nez et des intermaxillaires. Il n'y a là qu'un simple phénomène d'adaptation : « dès que la déviation se produit dans une direction quelconque, toutes les parties s'accommodent plus ou moins bien à cette direction et aux nouveaux rapports qui en résultent pour elles » (*).

MEMBRES ANTÉRIEURS.

	Normal.	Prop.	Obs. 4.	Prop.	Obs. 5.	Prop.	Obs. 7.	Prop.
Omoplate, long.	0.175	100	0.170	97	0.168	96.0	0.174	99.4
» larg.	0.096	100	0.090	93.8	0 092	96.0	0.095	99 0
Humérus, long.	0.168	100	0.146	86.9	0.155	92.3	0.148	88.0
» diam. corps . . .	0.024	100	0.027	102.5	0.028	116.9	0.026	108 5
» » épiph. sup^re^.	0.045	100	0.045	100	0.047	104.5	0 053	118.0
» » » inf^re^.	0.062	100	0.059	95.2	0 063	101 8	0.065	105 0
Radius, long.	0.165	100	0.106	64.2	0.099	60.0	0.108	65.4
» diam. corps. . .	0.025	100	0.033	132.0	0.030	120.0	0 031	120 8
» » ép. sup^re^.	0.050	100	0.048	96.0	0 046	92 0	0.052	104.0
» » » inf^re^.	0.055	100	0.048	87.3	0.050	91.0	0.056	102 0
Cubitus, long.	0.206	100	0.120	58 2	0.110	53.4	0.108	52.4
» larg. inf^re^. . . .	0.022	100	0.019	86.4	0.014	63.6	0.023	104.6
» » olécrâne. .	0.042	100	0.042	100	0.040	95.4	0.042	100
Carpe, haut.	0.029	100	0.028	93.5	0.024	82.8	0.025	86.3
» larg.	0.049	100	0.052	106 0	0.050	102. »	0.054	110.1
Métacarpe, long.	0.157	100	0.077	49.0	0 072	45.8	0.073	46.5
» larg.	0.025	100	0.034	136.0	0.035	140.	0.036	144
Phalanges, long.	0 099	100	0.080	81.0	0.079	80.0	0.075	75.9
Long. totale	0 770	100	0.600	78	0.600	78.	0.615	80
Poids total	0.431	100	0.378	87.5	0.310	71.9	0.423	98.2

(*) J. Guérin. Rech. s. les diff. congén., p. 34.

C'est surtout dans les membres que se montrent avec le plus d'évidence les effets de l'action refoulante exercée sur les os par la contracture musculaire. Considérés dans leur ensemble, les membres antérieurs ont perdu, en moyenne 21 pour cent de leur longueur, et en même temps, malgré la plus grande épaisseur que présentent plusieurs de leurs parties constituantes, ils ont perdu environ 14 p. c. de leur poids.

Tous les rayons de ces membres ne sont pas affectés dans la même proportion ; ainsi les omoplates ont conservé, à très peu de chose près, leur longueur et leur largeur normales ; ils doivent cette immunité à leur situation au centre des masses musculaires agissant sur eux dans des directions opposées et se neutralisant par cela même les unes les autres. Tous les autres rayons ont subi un raccourcissement plus ou moins considérable coïncidant avec un accroissement total ou partiel de leur largeur ou de leur épaisseur.

Il est à remarquer que ces modifications se manifestent bien plus marquées sur les rayons moyens, c'est-à-dire sur ceux dont la formation est la plus tardive, et qui conservent le plus longtemps leur plasticité primitive. Ainsi les deux os de l'avant-bras, le radius et le cubitus, ont perdu à peu près la moitié de leur longueur ordinaire et ont gagné en largeur environ 25 p. c. Le métacarpe, d'autre part, a diminué en longueur de plus de moitié, et s'est élargi à peu près dans la même proportion. Or, ces deux rayons, il est essentiel de le constater, sont précisément ceux sur lesquels les muscles moteurs des membres exercent le plus puissamment leur action.

Les os de l'avant-bras sont entourés de tous les côtés par des masses musculaires dont la contraction tend toujours à rapprocher leurs extrémités, c'est-à-dire à les refouler. L'olécrane, situé en dehors de ces masses musculaires, a partout conservé ses dimensions ordinaires, parce que les seuls muscles à l'action desquels il est soumis, les extenseurs du coude, agissent sur lui sans rencontrer d'antagonisme, de façon à augmenter plutôt sa longueur.

Le métacarpe, placé entre les tendons extenseurs et les fléchisseurs, est soumis, comme l'avant-bras, à une action refoulante énergique, mais cette action ne s'exerce sur lui que d'une manière inégale. Les tendons fléchisseurs, plus puissants que les extenseurs, amènent la flexion permanente des articulations du membre, et leur action s'exerçant obliquement sur l'extrémité inférieure du radius amène la déformation de cette surface articulaire, et la déviation en dedans de la région digitée qui constitue la main-bote varus.

MEMBRES POSTÉRIEURS.

	Normal.	Prop.	Obs. 4.	Prop.	Obs. 5.	Prop.	Obs. 7.	Prop.	Obs. 11	Prop.
Bassin, long. . . .	0.208	100	0.184	88.5	0.187	90.0	0 204	98.2		
» larg. iliums . .	0.143	100	0.156	109.1	0.144	100.9	0.169	118.3		
» » ischiums.	0.088	100	0.061	69.4	0.062	70.5	0.073	83.0		
Femur, long. . . .	0.202	100	0.173	85.6	0.179	98.6	0.182	90 0		
» diam. corps. .	0.022	100	0.028	127.3	0.029	132 0	0.029	132.0		
» » ép. sup^{re}.	0.062	100	0.062	100	0.067	108	0.070	113 0		
» » » inf^{re}.	0.072	100	0.073	101.4	0.073	101.4	0.075	104.1		
Tibia, long. . . .	0.211	100	0.093	44.8	0.082	39.0	0.105	49.7	0.009	4.27
» diam. corps. .	0.025	100	0.041	164.0	0.041	164.0	0.036	144.0		
» » ép. sup^{re}.	0.070	100	0.060	85.7	0.056	80.0	0 064	91.5		
» » » inf^{re}.	0 056	100	0 055	98.2	0.054	96 5	0 057	102.0		
Péroné, long. . . .	0	100	0.054	»	0.054	»	0.066	»		
» largeur	0	100	0.012	»	0.006	»	0.006	»		
Tarse, haut	0.104	100	0.100	96.4	0.095	91.5	0.095	91,5		
» long.	0.051	100	0.052	102.0	0.051	100	0.049	96 0		
Métatarse, long. .	0.173	100	0.102	59.0	0.086	49.8	0.094	54.4	0.060	134.7
» larg.	0.021	100	0.023	109 0	0.032	152 5	0.024	114 3	0.040	191 0
Phalanges, long. .	0.097	100	0 077	79.4	0.077	79.4	0.080	82.5		
Longueur totale. .	0.722	100	0.475	65.8	0.470	65	0.515	71.4		
Poids total (sans le bassin).	0.465	100	0.429	92.3	0.377	81.1	0.557	119.9		

Dans les membres postérieurs nous pouvons constater une reproduction exacte de ce qui s'est passé dans les antérieurs. Comme la ceinture scapulaire, la ceinture pelvienne est la partie du membre qui présente le moins de déformation. Le bassin est entouré, mais surtout par derrière, par des masses musculaires dont l'action sur lui se contre-balance dans une certaine mesure ; il a néanmoins perdu un peu de sa longueur (environ 8 pour cent), sous la pression des muscles, il s'est ramassé sur lui-même : sa partie postérieure s'est visiblement rétrécie, tandis que les deux angles externes des os des îles s'écartaient davantage ; le bassin a gagné en avant environ 10 pour cent en largeur.

Dans ce mouvement de bascule, les deux articulations coxo-fémorales ont été sensiblement rapprochées et la partie postérieure du sacrum s'est trouvée serrée entre les surfaces iliaques comme dans un étau. On peut considérer la compression qui en est résultée pour la portion terminale de la moëlle épinière et pour les nerfs du coccyx comme ayant amené l'arrêt de développement de la queue. A l'autre extrémité de l'axe vertébral, on pourrait expliquer de même l'atrophie de la face par une compression à leur lieu d'émergence, des nerfs qui se rendent à cette région.

Le fémur, un peu plus court qu'à l'état normal, a gagné **3** pour cent en diamètre dans sa partie moyenne. Les deux épiphyses n'ont que très peu varié.

Le tibia, placé dans des conditions analogues à celles qui ont été constatées pour le radius, mais entouré de muscles beaucoup plus énergiques, s'est trouvé complètement arrêté dans son développement ; il a perdu jusqu'à 60 pour cent de sa longueur.

Nous le voyons même dans l'observation XIII réduit à ne plus constituer qu'un bloc informe de moins d'un centimètre de hauteur.

Le péroné n'existe qu'exceptionnellement chez les ruminants, où il n'est plus guère représenté que par son apophyse inférieure (os coronoïde des vétérinaires). Nous le trouvons complètement développé sur les sujets des obs. IV, V et VII, tandis que le veau de l'obs. XIII ne nous en montre aucune trace. Cette réapparition du péroné ne peut être interprétée que comme un phénomène de régression de retour à un type ancestral.

Nous pouvons appliquer au calcaneum qui a conservé à peu près ses proportions ordinaires, la remarque faite plus haut à propos de l'olécrane.

Le métatarse a perdu environ 46 pour cent de sa longueur, mais par compensation, il s'est élargi d'un quart (25.3 pour cent en moyenne). Les phalanges, comme celles des membres antérieurs, se montrent, mesurées ensemble, plus courtes d'environ un cinquième ; elles se sont en même temps un peu amincies (arrêt de développement).

Le membre postérieur, non compris le bassin, a subi dans sa longueur une réduction bien plus considérable que le membre antérieur ; il a perdu, dans ce sens, 32.6 pour cent en moyenne ; la diminution du poids est à peu près la même (13.3 pour cent).

La flexion permanente des articulations est encore ici attribuable à l'action prédominante des muscles fléchisseurs. Sur aucun de nos sujets, on n'observe la déviation latérale qui constitue le pied-bot varus.

Je dois, avant d'abandonner l'étude du squelette, consacrer une mention particulière au veau de l'obs. XIII. Ce veau était renfermé, replié sur lui-même, recoquevillé dans sa peau transformée en une espèce d'outre ; sa colonne vertébrale s'est repliée sur elle-même deux fois, en sens différents. Ses membres également repliés n'ont cependant pas éprouvé, en général, de bien graves modifications ; à part les tibias, à peu près complètement disparus, et les phalanges arrêtées dans leur développement, toutes les autres pièces du squelette ont conservé leurs proportions normales.

Il est difficile d'établir une appréciation sur l'étude d'une pièce à laquelle manque l'élément le plus important à notre point de vue, le système musculaire; sans rien vouloir affirmer, je suis porté à attribuer la production de cette singulière anomalie à la contracture des muscles peauciers, ayant pour conséquence immédiate le retrait des membres et le *pelotonnement* du corps, et comme effets consécutifs, l'arrêt de développement du tibia et des régions digitées, ainsi que le renversement de la machoire inférieure tiraillée en bas par la lèvre.

La trophonévrose doit avoir eu un rôle important dans la production de cette monstruosité.

En résumé, de l'examen de taille qui vient d'en être fait, il résulte que toutes les parties du squelette, aussi bien les os eux-mêmes que leurs articulations, portent, plus ou moins profonde, l'empreinte indéniable de l'action de la contracture musculaire, que cette action soit exercée directement sur eux en les refoulant, ou qu'elle leur ait été transmise d'une manière moins directe, en se transformant en une cause d'arrêt de développement.

III. — Troubles de la nutrition (trophonévroses). — Hypertrophies. — Atrophies. — Arrêts de développement.

Des désordres aussi graves et aussi généraux que ceux qui affectent ici le système nerveux locomoteur devaient de toute nécessité amener des troubles dans la nutrition.

» Rien n'est mieux établi en pathologie que l'existence des troubles trophiques consécutifs aux lésions des centres nerveux et des nerfs. » (Charcot)

» Le système nerveux intervient dans les actes intimes de la nutrition en réglant les actions chimiques de réduction, d'où résultent le développement, l'entretien, la reproduction des éléments anatomiques. »

» Si l'on part de cette donnée fondamentale que la nutrition des éléments anatomiques est subordonnée aux qualités chimiques du liquide qui les baigne, dans lequel ils puisent les éléments de leur activité et dans lequel ils rejettent les matériaux usés (*), on est amené tout d'abord à envisager comme capitale l'influence de la circulation sur les variations quantitatives et qualitatives de ce liquide. Nous savons que le cours du sang dans les tissus et les organes est soumis à deux influences

(*) François Frank : Art. Système nerveux. Dict. Dechambre, 2e sér., t. 12, p. 623.

nerveuses antagonistes; l'une produit avec la dilatation vasculaire l'augmentation de l'afflux sanguin, l'autre, déterminant le resserrement des vaisseaux, modère l'arrivée du sang A l'action vaso-dilatatrice correspondent des actions chimiques plus actives, des phénomènes de combustion ou de dédoublement plus intenses, et plus rapides, et un plus grand dégagement de chaleur. Sous l'influence des nerfs vasculaires constricteurs, les combustions se ralentissent, la température qui résulte des actions chimiques d'oxydation ou de dédoublement s'abaisse. En d'autres termes, le repos des tissus et des organes est en rapport avec le resserrement vasculaire; inversement, leur activité est liée à l'apport d'une plus grande quantité de matériaux combustibles. Quand l'équilibre existe entre ces deux influences antagonistes des nerfs vaso-dilatateurs et des nerfs vaso-constricteurs, les éléments anatomiques se maintiennent dans les conditions d'une nutrition normale; mais l'une ou l'autre de ces influences vient-elle à s'exagérer, on voit quelle doit être la conséquence de l'action prédominante dans un sens ou dans l'autre. »

Dans les lignes ci-dessus que j'emprunte au remarquable travail de M. François Frank, je trouve une explication satisfaisante de tous les désordres de la nutrition observés dans les sujets des observations recueillies dans ma première partie. Inutile donc de chercher à en donner une autre interprétation, basée sur l'action intermédiaire des nerfs spéciaux présidant au mouvement nutritif et auxquels Samuel a donné le nom de nerfs trophiques. « Jusqu'à présent l'existence de ces nerfs trophiques ne s'appuie ni sur une démonstration anatomique, ni sur des expériences physiologiques; c'est une simple hypothèse et non un fait (*). L'emploi que je pourrai faire du mot trophonévrose n'aura donc pas pour moi la signification de névrose des nerfs trophiques; je m'en tiendrai rigoureusement à la définition donnée de ce terme par M. Leloir dans le dictionnaire Jaccoud : « *Trophonévrose*, » trouble survenant dans la nutrition des tissus par suite de troubles trophiques consécutifs aux lésions des centres nerveux et des nerfs. »

(*) HAYEM : Pathologie musculaire. Dict. Dechambre, 2e sér., t. X, p. 749.

Les anomalies résultant de ces désordres dans la nutrition, se montrent assez nombreuses sur nos sujets ; ce sont les suivantes :

1° *Hypertrophie musculaire.* — La surexcitation des nerfs vaso-dilatateurs se décèle, sur les sujets des obs. IV, V, VI et VII, par le développement exagéré de leurs masses musculaires ; leurs muscles sont durs, saillants, de coloration normale ; ils sont le siége d'une véritable hypertrophie amenée par l'excès d'activité qui paraît constituer seul tout leur état pathologique. Il est regrettable qu'Otto, de même que MM. Dareste et Barrier, ne donne aucun renseignement sur l'état des muscles dans les cas qu'il a observés ; je me crois néanmoins fondé à conclure, d'après l'analogie de constitution du squelette, que chez leurs jeunes animaux le système musculaire présentait le même développement que sur nos sujets.

2° *Atrophie musculaire.* — Si l'état hypertrophique des muscles constitue le cas le plus ordinaire chez les veaux à tête de chien, il peut cependant s'en rencontrer d'autres dans lesquels, sous l'influence prédominente des nerfs vaso-constricteurs, il se produit un arrêt plus ou moins généralisé dans le développement du système musculaire qui, au lieu d'être hypertrophié, paraît au contraire frappé d'atrophie.

Le veau de l'obs. X, que j'estime être au huitième mois de gestation, n'a que 0,43 de longueur, tandis que, d'après Gurlt, il devrait avoir au moins 0,65. Ses muscles raccourcis, émaciés, ont perdu leur aspect ordinaire ; la contracture passée à l'état chronique y est devenue ce que M. J. Guérin appelle de la rétraction musculaire. Je reviendrai plus loin sur les particularités que présente ce veau, chez lequel les muscles sont par surcroît déformés par la sérosité qui a envahi leur tissu. Nous retrouvons ce même état des muscles dans l'obs. XI d'Otto.

La tête du veau de l'obs. IX porte également les traces les plus évidentes d'une affection atrophique. Ce veau, dont il est fâcheux que le corps n'ait pas pu être étudié, était peut-être arrivé près du terme de sa vie fœtale, bien que son développement soit loin d'indiquer un âge aussi avancé.

3o *Arrêts de développement.* — La surexcitation des nerfs vaso-constricteurs agissant au moment où les organes n'ont pas encore acquis leur forme définitive, peut rendre compte de l'arrêt de développement des oreilles qui, chez tous les sujets observés, ont toujours été trouvées très courtes, brusquement et carrément tronquées comme si un coup de ciseaux en avait retranché la plus grande partie.

Le raccourcissement si prononcé et si caractéristique des os de la face et surtout des os propres du nez ne peut non plus trouver son explication que dans une atrophie par arrêt de développement ayant son origine soit dans l'action viciée des nerfs vaso-constricteurs, soit dans une maladie nerveuse spéciale que nos connaissances encore incertaines sur les nerfs trophiques ne nous permettent pas de découvrir. On peut observer à l'âge adulte cette rétrogradation qui a reçu le nom d'*aplasie des os.* M. le professeur Wannebroucq en a signalé un exemple frappant dont je crois utile de reproduire la description (*).

« Ce malade présente une affection des plus singulières et assez rare; il est atteint de trophonévrose de la face. Il a 41 ans, et son affection a débuté à l'âge de 8 ans, après une rougeole : nous nous trouvons donc en présence d'une maladie qui a commencé il y a 33 ans. La lésion principale est une atrophie extrême du côté gauche de la face, et cette atrophie s'arrête exactement à la ligne médiane. Si on l'examine de près, on constate que les organes des sens sont modifiés; l'ouïe et l'olfaction ont diminué, mais le goût ne semble pas altéré. Rien, ou peu de choses du côté de l'épiderme; il n'en est pas de même des productions épidermiques : il n'y a pas de poils de barbe à gauche, et le sourcil n'existe qu'à l'état rudimentaire. Les cheveux sont beaucoup plus rares que du côté droit. La peau est amincie; le tissu cellulaire adipeux a disparu, les muscles sont atrophiés et les parties molles semblent collées sur le squelette de la face. Les os sont également atrophiés et les sinus maxillaires et frontal ont presque disparu. La moitié gauche de la langue est réduite au quart de son volume normal. »

(*) M. le Prof. WANNEBROUCQ. Bull. méd. du Nord, 1870. Aplasie des os de la face.

« C'est dans le même ordre de faits qu'il faudrait ranger l'arrêt de développement plus ou moins complet de la région coccygienne. »

L'atrésie anale, observée deux fois par M. Barrier (obs. XII), et les anomalies si curieuses des organes génito-urinaires décrits par le même observateur et par mon père (obs. IV), constituent aussi des arrêts de développement, mais elles ne peuvent guère s'expliquer de la même façon. Chez les deux veaux mâles observés par M. Barrier, « le rectum très dilaté par l'accumulation du méconium, venait se terminer par un goulot étroit dans les voies urinaires, en arrière du col de la vessie et très exactement à l'origine du canal de l'urèthre. Celui-ci venait d'ailleurs s'ouvrir, comme d'habitude, sous le ventre, près de l'ombilic, et donnait issue en même temps à l'urine et aux matières fécales. »

Sur le sujet femelle de l'obs. IV, le rectum, très dilaté aussi, venait aboutir par une issue munie d'un sphincter, dans le vagin, en arrière du col de l'utérus devenu celui de la vessie, et la vulve donnait sortie en même temps à l'urine et aux excréments intestinaux. Il est certain que la génisse vue dans une foire par M. Barrier devait avoir la même organisation. Le sujet de l'obs. IV offre de plus à noter la duplication de la matrice et un abouchement anormal avec la vessie.

Ainsi que le fait observer avec raison M Barrier, il n'y a là que le maintien d'une disposition anormale de la vie embryonnaire, disposition qui est signalée par Ern. Hœckel dans le passage suivant de son *anthropogénie* (p. 599) : « Chez ces animaux (les amniotes), les organes génito-urinaires s'ouvrent à l'extrémité inférieure du rectum, qui devient ainsi un cloaque. Chez les mammifères, cette conformation n'existe que chez les ornithorhynques que l'on a appelés pour cette raison animaux à cloaque (monotrema) Chez tous les autres mammifères et chez l'homme où celà arrive au troisième mois de la vie embryonnaire, une cloison divise le cloaque en deux cavités distinctes. La cavité antérieure prend le nom de canal génito-urinaire (sinus urogenitalis), et sert seulement au transport de l'urine et des produits sexuels; la cavité postérieure, l'anus, ne sert qu'à livrer passage aux excréments. »

Dans les cas de M. Barrier comme dans les nôtres, les choses ne se passent pas tout à fait de cette façon ; ici, c'est le rectum qui vient déboucher dans le sinus urogenital, et cette circonstance trouve aisément son explication dans l'activité plus grande du fonctionnement, chez le fœtus, des organes urinaires ; le canal digestif se trouve ainsi réduit au rôle secondaire d'affluent du courant principal.

Tous ces arrêts de développement, inexplicables par l'action directe de la contracture, en sont cependant les conséquences indirectes, le retentissement, le contre-coup. Rappelons-nous, avec M. J. Guérin, que « le système nerveux altéré par la maladie imprime à la genèse des organes un trouble qui se traduit par trois ordres d'effets également évidents : *il pervertit, il arrête* ou *empêche* toute action formatrice. De ce second ordre de faits résulte un nouvel ordre d'agents étiologiques de la monstruosité lequel vient s'ajouter à la rétraction musculaire et complète son action (*). »

IV. — Anasarque. — Le monstre décrit par Otto (obs. VIII) d'une manière un peu trop sommaire, nous offre bien tous les caractères qui distinguent les veaux à tête de chien : crâne épais et raccourci, tronc court et trapu, membres démesurément courts ; mais à ces déformations, il vient s'en joindre d'autres auxquelles nous ne pouvons attribuer la même origine. Ainsi, le tissu conjonctif sous-cutané était partout relâché et imprégné de sérosité ; la poitrine et l'abdomen montraient quelques traces d'hydropisie ; le crâne, dur et épais à certains endroits, mince et membraneux ailleurs, avec sa voûte incomplète, laisse à penser, bien que l'auteur n'en dise rien, qu'il a pu être affecté par l'hydrocéphalie. Les os gonflés et épaissis, inégalement ossifiés, les muscles décolorés, avaient été réduits à cet état par la sérosité qui les avait envahis.

Dans l'obs. XI, empruntée aussi à Otto, nous voyons cette hydropisie générale atteindre des proportions considérables ; le tissu conjonctif sous-cutané n'est pas seulement gorgé de sérosité, mais ses mailles se sont déchirées, détruites, et ont ainsi formé un certain nombre de poches assez considérables où l'eau s'est accumulée.

(*) J. Guérin : Loc. cit.

Toutes les cavités du corps ont été envahies par l'hydropisie qui paraît ici avoir arrêté le développement de tout le squelette, et notamment des os des membres, sur lesquels nous ne retrouvons pas l'épaississement caractéristique de tous les autres cas. (La tête isolée de l'obs. IX dénote par son aspect qu'elle a été aussi déformée par une infiltration séreuse de son tissu conjonctif).

Enfin, l'obs. X nous fait voir un fœtus resté très petit bien qu'il soit arrivé à peu près à terme, présentant dans le système musculaire et dans le squelette toutes les déformations qui ont été attribuées plus haut à la contracture, et chez lequel l'invasion de l'hydropisie a arrêté net tout développement. La sérosité a distendu outre mesure la cavité péritonéale; elle s'est infiltrée dans l'épaisseur des muscles et dans le tissu conjonctif, et s'est rassemblée sous la peau en une couche épaisse d'aspect lardacé ; le squelette tout entier a été refoulé par la pression de cette masse liquide vers la partie supérieure de la masse générale du corps. Le corps s'est complètement déformé et est devenu une sorte de bloc pyramidal dans lequel on ne retrouve pas sans quelque difficulté les caractères de l'espèce.

Dans ces quatre faits, nous voyons l'affection tétanique se compliquer par l'intercurrence d'une autre maladie, l'hydropisie générale, ou l'anasarque, maladie dont le développement doit avoir son point de départ dans un trouble survenu dans la nutrition, et ne constitue qu'une conséquence un peu plus éloignée de l'action pervertie des nerfs vaso-constricteurs. L'obs. XI d'Otto est la seule qui nous donne quelques renseignements sur la cause probable de cette maladie, cause qui se trouverait être ici un vice de conformation du cœur et des troncs artériels. Il est très probable que cette anomalie des principaux organes de la circulation n'est que la conséquence de la maladie nerveuse qui a pu les frapper d'arrêt de développement; ce point de la question réclame un complément d'étude.

V. — Origine de la maladie. — Etant admis que les nombreuses déformations qui ont été décrites dans les pages précédentes, ont toutes pour cause la contracture tonique plus ou moins généralisée des muscles, affection identifiable avec le tétanos, il reste à déterminer à quelle époque de la vie intra-utérine le fœtus est apte à contracter cette maladie.

Il ne paraît pas douteux que les causes productrices du tétanos peuvent agir sur le système musculaire dès les premiers moments de sa formation. Or, d'après Kölliker (*), les muscles, chez l'homme, se révèlent dans le second mois, de la sixième à la septième semaine. On peut admettre qu'il en est de même dans l'espèce bovine, où la gestation a la même durée. D'autre part, c'est au troisième mois que le cloaque se cloisonne pour fournir une issue séparée aux excrétions de l'intestin et à celles des organes urinaires ; c'est donc à la fin du second mois ou au commencement du troisième que nous devons faire remonter le début de la maladie nerveuse chez le sujet de l'obs. IV et chez ceux de M. Barrier.

Les autres sujets n'ont dû être affectés qu'un peu plus tard, mais à une époque encore assez peu avancée pour que les os aient pu facilement se laisser déformer par la pression des masses musculaires. Parmi les os des membres, l'humérus et le fémur qui s'ossifient les premiers (8e ou 9e semaine, d'après Kolliker) se montrent les moins déformés dans toutes nos observations. Les os de l'avant-bras et de la jambe, les plus affectés chez tous nos sujets, sont au contraire ceux qui s'ossifient les derniers (9e ou 10e semaine). C'est donc dans le cours du troisième mois, après la disparition du cloaque, et, au plus tard, dans le quatrième mois, avant que l'ossification soit complète, que l'on pourrait faire remonter l'époque de l'invasion du tétanos chez le plus grand nombre des fœtus décrits. Chez le veau cryptomèle de l'obs. XIII, la réduction presque complète du tibia porterait à faire remonter un peu plus haut le début de la maladie nerveuse qui a amené sa transformation si singulière.

(*) Embryologie, p. 840.

VI. — Hérédité. — Aucune des dysmorphies dont la description a été donnée dans la première partie de ce travail n'est de nature à entraîner fatalement la mort du jeune sujet qu'elles affectent. Il peut donc continuer à vivre après sa sortie de la matrice, pourvu qu'il réunisse les deux conditions suivantes : la première et la plus importante, c'est que sa maladie nerveuse soit guérie ou en bonne voie de guérison au moment de sa naissance; la seconde, c'est que les nombreuses causes d'infirmité dont il est porteur n'apportent pas un obstacle insurmontable au fonctionnement des appareils organiques indispensables au maintien de la vie.

Nous voyons, dans les observations qu'il m'a été possible de rassembler, le veau de Raimbeaucourt vivre dix jours, ceux de La Bassée et de Dechy prolonger leur existence au-delà de deux mois; on cite même des cas (obs. II) dans lesquels les animaux atteints de ces difformités ont pu atteindre l'âge adulte. Tout dépend dans ce cas, du nombre et de la gravité des vices de conformation existants.

L'abouchement du rectum dans le vagin, par exemple, ne met pas un empêchement sérieux à l'accomplissement des deux fonctions qu'il intéresse; au contraire, dans le cas des deux veaux signalés par M. Barrier, on admettait difficilement que le maintien de la vie fut possible avec le débouchement du rectum à l'origine du long et étroit canal de l'urèthre.

Le crâne décrit par Owen nous montre réalisé le cas d'un *veau à tète de chien* ayant atteint l'âge adulte.

Bien mieux, il peut même se rencontrer des circonstances tout à fait favorables dans lesquelles un animal, moins profondément atteint par la déformation, conséquence du tétanos fœtal, puisse transmettre à sa descendance les caractères particuliers imprimés par la maladie à sa charpente osseuse ou même à ses muscles.

C'est ainsi que Lacordaire (*) a pu rencontrer dans les pampas de l'Amérique du Sud « une variété constante (de bœufs) qui se distingue

(*) Revue des Deux-Mondes, 15 Mars, 1823, p. 598.

de la race ordinaire par une taille moins élevée, des formes plus trapues, et surtout par la tête qui est ramassée, avec un mufle en quelque sorte écrasé. On appelle un bœuf de cette espèce *niata* (camard). Quelques personnes ont voulu faire de cette variété une race distincte, mais comme on connaît très bien l'époque à laquelle ce bétail a été introduit dans les pampas, et le nom des individus qui en amenèrent pour la première fois quelques têtes du Brésil, il ne peut y avoir aucun doute à cet égard. »

Darwin donne sur cette *race* les renseignements suivants (*) :

« Une race monstrueuse, nommée *niatas* ou *natas*, dont j'ai pu observer deux petits troupeaux sur la rive nord du fleuve de la Plata, est assez curieuse pour être plus complètement décrite. Cette race est aux autres races de bétail ce que les bouledogues ou les mopses sont aux autres chiens, ou, d'après Nathusius, ce que les porcs améliorés sont aux races communes (**). Rütimeyer rattache ce bétail au type *primigenius*. Le front est court et large, l'extrémité nasale du crâne, ainsi que le plan entier des molaires supérieures, sont recourbés en dessus.

» La mâchoire inférieure se prolonge au-delà de la supérieure, et présente la même courbure qu'elle. Il est intéressant de constater qu'une conformation presque semblable caractérise, à ce que m'apprend le Dr Falconer, le sivathérium de l'Inde, animal gigantesque et éteint : rien de semblable n'existe chez aucun autre ruminant. La lèvre supérieure est fortement retirée en arrière, les narines largement ouvertes sont placées très haut, les yeux se projettent en dehors, et les cornes sont grandes. Ils ont le cou court et portent la tête basse en marchant. Comparés aux membres de devant, ceux de derrière paraissent être plus longs que d'ordinaire.

(*) De la variation des animaux et des plantes, t. I, p. 95.

(**) SCHWEINESCHADEL : 1864, p. 104. Nathusius constate que la forme crânienne caractéristique de la race niata apparaît parfois dans le bétail européen, mais il est dans l'erreur, comme nous le verrons plus tard, en supposant que ce bétail ne constitue pas une race distincte. Le professeur Wyman, de Cambridge, États-Unis, m'apprend que la morue commune présente une monstruosité analogue, que les pêcheurs nomment : « morue boule dogue ». Le même, après des informations prises à la Plata, constate que la race niata transmet bien ses particularités et forme bien une race.

» Leurs incisives découvertes, leur tête courte et leurs narines retroussées donnent à ces animaux un air suffisant et fanfaron des plus comiques.

» C'est Azara qui a publié la première courte notice sur cette race, de 1783 à 1796. Don. F. Muniz, de Luxan, qui a pris pour moi des renseignements sur ce sujet, m'apprend qu'en 1760, on gardait à Buenos-Ayres ces animaux comme curiosité. On ignore leur origine exacte, mais elle doit être postérieure à 1552, époque de la première introduction du bétail. Le senor Muniz m'informe qu'on croit que cette race a pris naissance chez les Indiens du Sud de la Plata. Ceux élevés près de la rivière de la Plata témoignent d'une nature moins civilisée par plus de sauvagerie, et la vache abandonne souvent son premier veau, si on la visite trop souvent. La race est bien constante, et taureau et vache niatas produisent invariablement un veau niata ; elle dure déjà depuis au moins un siècle. Les croisements d'une vache ordinaire avec un taureau niata, ou l'inverse, donnent des produits offrant des caractères intermédiaires, mais ceux de la race niata sont fortement accusés. D'après le senor Muniz, il est très évidemment prouvé, contrairement à l'opinion ordinaire des agriculteurs en pareil cas, que la vache niata croisée avec le taureau commun transmet ses caractères spéciaux plus fortement que ne le fait le taureau niata croisé avec la vache commune. Quand l'herbe est longue, ces animaux mangent comme le bétail ordinaire au moyen de la langue et du palais ; mais pendant les longues périodes de sécheresse, alors que tant d'animaux périssent dans les Pampas, la race niata se trouve dans une position très désavantageuse et finirait par s'éteindre si on ne venait à son aide ; en effet, le bétail ordinaire et les chevaux peuvent encore se maintenir en vie en broutant du bout des lèvres les branchilles des arbres : ceci étant impossible aux niatas dont les lèvres ne se joignent pas, ils sont donc condamnés à périr avant le bétail ordinaire. Ce fait me frappe comme un exemple propre à montrer combien peu nous pouvons juger, d'après les habitudes ordinaires d'un animal, des circonstances accidentelles ou survenant par intervalles, dont peuvent dépendre sa rareté ou son extinction. Il nous montre encore comment la sélection naturelle aurait déterminé la destruction de la modification niata, si elle s'était produite à l'état de nature. »

Il s'est donc formé, à une certaine époque encore peu éloignée de nous, dans les Pampas de l'Amérique du Sud, une race de bœufs présentant les caractères les plus frappants de ressemblance avec les *veaux à tête de chien* que nous voyons se produire de temps à autre et toujours sporadiquement, dans nos pays ; il ne saurait subsister sur ce point aucune incertitude. Mais il me semble bien permis de laisser planer quelque doute sur la complète authenticité des renseignements évidemment entachés d'exagération, qui ont été fournis à Darwin, sur l'ancienneté, sur la fixité, et surtout sur la rusticité de cette race que je considère comme n'ayant pu se constituer d'elle-même, sans le secours et les soins particuliers de l'homme. Son organisation si incomplète et si défectueuse a dû lui rendre bien pénible la *lutte pour l'existence ;* exposée, comme le constate Darwin lui-même, à souffrir et à périr dans les temps de sécheresse un peu prolongée, elle n'a pu se maintenir que fort difficilement, et elle a dû finir par disparaître bientôt complètement. C'est du reste ce qui a été constaté par M. Martin de Moussy dans une communication faite à la Société d'anthropologie, dans sa séance du 16 juillet 1863.

« Je viens, dit-il, de parcourir dans tous les sens le territoire de Buenos-Ayres... Quant aux bœufs de race *niata*, je n'en ai jamais entendu parler; s'il y en a eu, il n'y en a certes plus; bien qu'ayant exploré très attentivement toutes les *estancias* de quelque importance, je n'en ai jamais vu un seul exemple. Cette race, au surplus, n'offrirait que des inconvénients à être propagée, et les fermiers se seraient hâtés de la détruire, car leur intérêt est de produire des animaux grands, faciles à nourrir, et engraissant facilement. »

TROISIÈME PARTIE

Les affections du fœtus, à l'étude desquelles j'ai consacré les pages précédentes, n'attaquent pas exclusivement l'espèce bovine. De même que les adultes de toutes les autres espèces de mammifères sont sujets à contracter ces maladies, dans lesquelles les centres nerveux ne sont pas affectés ou ne le sont que secondairement, de même les fœtus de ces espèces sont exposés à leur payer tribut. Le recueil d'observations d'Otto, celui de Forster, le bel ouvrage de M. J. Guérin, nous offrent, en assez grand nombre des cas dans lesquels des difformités analogues à celles qui nous occupent ont été interprétées d'une manière différente, et rapportées à d'autres causes. Je me propose d'extraire de ces ouvrages un certain nombre d'observations de ce genre ayant pour sujets des fœtus mal formés des espèces canine, ovine et humaine; j'y ajouterai l'étude que j'ai pu faire personnellement d'un fœtus humain faisant partie de la collection tératologique du musée de Douai.

ESPÈCE CANINE.

Le chien domestique va nous fournir un deuxième exemple de la formation d'une race dont le point de départ se trouve dans une variation accidentelle ayant la même cause pathologique, la contracture musculaire de l'âge fœtal.

Les innombrables races de chiens qui existent aujourd'hui dans tous les pays du monde diffèrent tellement entr'elles par la conformation de leur squelette, qu'il est bien difficile d'admettre qu'elles ne descendent pas de plusieurs espèces sauvages; néanmoins, comme le remarque Darwin (*) : « cette raison n'aura que peu de valeur, après que nous aurons vu combien peuvent devenir considérables les différences entre plusieurs races d'animaux domestiques provenues cependant, et d'une manière certaine, d'un ancêtre unique. » Laissant de côté cette question d'origine, je me bornerai à comparer entr'elles des races appartenant au même type, celui des mastiffs ou dogues (canes urcani) de M. Hamilton Smith (**).

Ce groupe qui comprend, outre les variétés assez nombreuses de dogues, le doguin, le carlin, le petit danois, le chien d'Artois, le chien d'Alicante, etc., est caractérisé par Gervais de la manière suivante : « Leur museau est court, comme tronqué, le crâne est élevé dans la région cérébrale, les sinus frontaux sont considérables; les lèvres sont plus ou moins pendantes, le museau est raccourci et comme arrondi; ils ont la poitrine large, les reins forts et la queue droite; ce sont des animaux d'un caractère énergique, redoutable même. » Or, parmi les races de dogues, il s'en trouve une, celle des Bull terriers, d'origine assez récente, qui se distingue de toutes les autres, et notamment des bouledogues, ses plus proches voisins, par l'exagération de tous les caractères qui viennent d'être énumérés. Le bull-terrier possède une musculature encore plus développée que celle des boules-dogues : ses membres sont

(*) Var. des animaux, t. I, p. 18.

(**) GERVAIS. Mamm., t. II, p. 71.

courts et épais, souvent arqués ; sa face est très raccourcie, sa mâchoire inférieure est proéminente, et sa queue, toujours très courte, est irrégulièrement et diversement contournée. Ces caractères extérieurs rapprochent déjà singulièrement ces chiens des veaux à l'étude desquels j'ai consacré les deux premières parties de ce mémoire ; l'inspection de leur squelette complète ce rapprochement et le fait arriver à l'identification la plus parfaite. J'ai figuré, dans la planche III ci-jointe, le crâne d'un chien bull-terrier, en regard du crâne d'un chien de chasse. On y constate la saillie des frontaux dans leur partie antérieure, et leur inclinaison très prononcée ; les lacrymaux sont très réduits de dimension ; les os propres du nez sont moins longs de moitié ; les intermaxillaires sont très courts et redressés ; leurs branches externes sont verticales dans leurs deux tiers inférieurs, et inclinées dans leur tiers supérieur qui se trouve intercalé entre les sus-maxillaires et les os propres du nez.

Les sus-maxillaires sont raccourcis, surtout dans leur moitié antérieure ; les palatins sont plus courts ; le maxillaire moins diminué que les os de la mâchoire supérieure, s'est de la même façon que dans les veaux antérieurement décrits, courbé et redressé en avant ; l'arcade dentaire inférieure fait, en avant des intermaxillaires, une saillie d'environ deux centimètres.

La ressemblance est, on le voit, frappante, et elle ne s'arrête pas à l'apparence identique de la tête, qui avait été remarquée par les paysans eux-mêmes. Ceux-ci avaient donné aux veaux sur lesquels ils la constataient, la dénomination que je leur ai conservée en tête de ce travail.

Les deux observations suivantes, empruntées à Otto, vont nous faire assister, pour ainsi dire, à une répétition de la naissance de la race « bull-terrier. »

Obs. XIV et XV. — Chiens à terme. — Déformation du crâne, du tronc et des membres, et du maxillaire. — Arrêt de développement de la face et de la queue. — Fissure palatine. — Ectrodactylie.

Otto, n° 566. — **Canicula rhachitide congenita deformis.** — P. 320. Addo monstrum caninum, femineum, recens natum, maturum et pariter rhachitide congenita fœdum.

Universus corporis habitus a superioribus exemplis (*) non differt, ita ut multis verbis non sit opus. Hoc autem non est prætereundum, quod mandibula paullo brevior quam maxilla, palatum bisfissum, duo pedes anteriores non solum breves sed etiam incurvati, posteriores autem brevissimi sunt, et cauda eadem brevitate laborat. Extremitatum ossa more cartilaginea sunt, ita ut artus facillime flecti queant.

N° 567. — **Canicula rhachitide congenita deformis.** — Hæc canicula, recens nata et matura, eodem partu cum precedente in lucem edita eique adeo similis est ut ejus descriptio supervacanea sit. Illud tantum in hoc exemplo præter universum habitum memorabile videtur, quod mandibula justo brevior, palatum bisfissum et cauda perbrevis est. Pedes duo anteriores non modo decurtati et torosi, sed etiam admodum incurvati sunt; pedes posteriores nimis breves; præterea dexter eorum contortus et tribus tantum digitis instructus est.

(*) Ce renvoi se rapporte aux descriptions de trois fœtus humains que nous retrouverons un peu plus loin sous les n°s 563 à 565.

Ces deux observations, assez incomplètes, ne nous renseignent pas sur l'état des muscles, concernant lequel Otto renvoie aux observations précédentes. Ces observations sont relatives à trois fœtus humains, dont le corps est signalé comme trop court, épais, noueux, enflé et leucophlegmatique. Ces indications ne peuvent que nous donner à supposer que les deux jeunes chiens ci-dessus décrits offraient aussi les lésions de l'anasarque, et que chez eux la contracture musculaire était passée à l'état chronique.

ESPÈCE OVINE.

Le seul exemple de malformations produites par la contracture tétanique sur le mouton, que mes recherches bibliographiques m'aient amené à découvrir, m'est encore donné par Otto, dans l'observation suivante, laquelle, comme beaucoup d'autres du même auteur, ne se distingue pas par une grande abondance de détails.

Obs. XVI. — Agneau à terme. — Déformation de toutes les régions du corps. — Rétraction musculaire générale. — Raccourcissement de tous les os. — Arrêt de développement de la face et de la queue.

N° 568. — **Aguella rhachitide congenita depravata** (*). — Monstrum hoc agnitum, recens natum et femineum, eodem morbo, quo superiora laborant, affectum est. Caput crassissimum et rostri brevitate et oculorum protuberantia deforme ac fœdum; totus truncus brevissimus et torosus, membra vero anteriora et posteriora vehementer decurtata sunt; eadem est caudæ conditio. Internæ partes superiorum exemplorum rationem sequuntur. »

(*) Otto : Op. cit., p. 320.

Je crois inutile d'ajouter quelque commentaire à cette observation dont le sujet reproduisait exactement, suivant le dire de l'auteur, tous les caractères des deux petits chiens dont il est question dans les observations précédentes.

De toutes les anomalies présentées par les sujets dont l'étude nous a occupé jusqu'ici, celle qui a attiré le plus sur eux l'attention, c'est le changement de forme de la tête, changement amené, pour la plus grande partie des cas, par l'arrêt de développement des os de la face. Cet arrêt de développement, que je considère comme n'étant chez eux qu'une conséquence secondaire indirecte de la contracture musculaire, nous le trouvons dans d'autres cas sur des animaux bien conformés d'ailleurs, et dont il paraît constituer la seule et unique anomalie. Ainsi on rencontre parfois des oiseaux dont la mandibule supérieure est réduite à des proportions minuscules, tandis que l'autre a conservé ses dimensions normales (*Voir* Otto, obs. CXII à CXIV. *Oiseaux microprosopes*).

La même malformation de la face a été observée assez souvent chez les poissons. Isidore Geoffroy St-Hilaire l'a vue lui-même deux fois sur la carpe; il rapporte que les poissons qui présentent cette conformation anormale ont reçu des Allemands le nom de carpes mopses (Mopskarphen). Le recueil d'observations d'Otto en décrit quinze cas observés sur la carpe, sur le rotengle et sur le brochet (obs. CXV à CXXIX).

Nous voyons dans une note reproduite plus haut, que le professeur Wyman de Cambridge (États-Unis), a constaté sur la morue une difformité analogue, qui lui a fait donner par les pêcheurs le nom de morue boule-dogue.

Je trouve dans la collection du musée de Douai un goujon mopse. A quelle cause doit-on rapporter dans ce cas particulier l'arrêt de développement de la face, et quel rôle la contracture musculaire a-t-elle pu jouer dans sa production ? Ce sont des questions que je dois me borner à poser sans chercher, quant à présent, à les résoudre. Par contre il me reste à passer en revue une série de faits anormaux qui ne peuvent avoir pris leur origine que dans la contracture musculaire, et dans lesquels ce caractère du rétrécissement de la face fait absolument défaut. Tous ces faits se rapportent à l'espèce humaine, et l'exception qu'ils présentent par rapport à tous ceux dont il a été précédemment question, trouve son explication dans la réduction extrême qui caractérise spécifiquement la face de l'homme. Cette partie de la tête se trouve déjà diminuée dans de telles proportions chez lui, qu'il devient impossible qu'un arrêt de développement y produise autre chose qu'une suppression totale des parties qu'il frappe C'est ce qui arrive par exemple dans le bec de lièvre simple ou double.

ESPÈCE HUMAINE

Chez l'homme comme chez tous les autres vertébrés, la contracture musculaire n'est le plus souvent que la conséquence d'une maladie inflammatoire des centres nerveux. M. Jules Guérin et la généralité des auteurs modernes lui attribuent avec raison les difformités multiples qui accompagnent ordinairement les monstruosités par lésion ou par destruction du cerveau ou de la moelle épinière. Il en est de même pour les monstres celosomiens et pour bien d'autres.

Je crois avoir démontré que la contraction musculaire peut résulter néanmoins d'une affection essentielle du système nerveux périphérique, affection de nature tétanique, et dans laquelle les centres nerveux peuvent ne pas être affectés ou ne l'être que secondairement.

Dans l'un et l'autre cas, la contracture peut s'étendre à toutes les régions du corps, de même qu'elle peut rester étroitement localisée et ne donner naissance qu'à un pied bot ou à un bec de lièvre. Nous l'avons vue réduire la longueur des membres en portant principalement son action sur leurs rayons moyens, les derniers formés. En agissant plus tôt sur l'embryon, elle peut apporter un obstacle plus ou moins complet au développement des membres, et produire toutes les anomalies si variées qui caractérisent la famille des Ectroméliens.

Je choisirai parmi les nombreuses observations publiées jusqu'ici sur les monstruosités humaines, et dans lesquelles se retrouve plus ou moins profonde l'empreinte de la contracture musculaire, celles qui me paraissent pouvoir être attribuées à une affection de nature tétanique. Je commencerai cette nouvelle et dernière série par la description d'un fœtus humain appartenant au Musée de Douai, et qui, par la nature de ses nombreuses anomalies, me parait se rapprocher, de la manière la plus évidente, des veaux niatas ou à tête de chien.

Obs. XVII. — Fœtus humain à terme. — Déformation du crâne et de la plupart des régions du corps. — Arrêt de développement de l'oreille gauche, des membres supérieurs et de l'extrémité inférieure de l'axe vertébral. — Bec de lièvre. — Refoulement et coalescence des vertèbres et des côtes. — Luxation des mains. — Pieds-bots. — Contracture musculaire générale.

Ce fœtus, du sexe féminin, a été remis à mon père, en 1847, par M. le Dr Bagneris fils ; il provenait d'un accouchement ayant eu lieu récemment à Douai, rue des Foulons; il a été depuis cette époque, c'est-à-dire depuis 38 ans, conservé dans l'alcool au Musée de Douai.

Aspect extérieur. — Quoique venu à terme, l'enfant n'a que l'apparence d'un fœtus de 7 mois 1/2. La tête relativement grosse est asymétrique ; le côté droit fait sur le gauche une saillie surtout très prononcée au niveau de la pommette ; la région pariétale gauche a subi un mouvement proportionnel de recul ; les yeux sont un peu saillants, le nez est aplati, écrasé surtout sur son aile droite ; il existe du même côté un bec de lièvre. — L'oreille droite est bien conformée, mais la gauche n'est plus représentée que par son lobe; le pavillon a disparu en entier; il n'existe aucune ouverture pour le conduit auditif.

Diamètre antéro-postérieur	0,105
» bi-pariétal	0,080

Le cou est complètement effacé, et la tête enfoncée dans les épaules n'est plus séparée de la poitrine que par un sillon cutané. — Le tronc est très raccourci, trapu, bien en chair.

Circonférence du corps prise au niveau des aisselles	0,28
Longueur du tronc, du cou à la pointe des fesses.	0,11

Les deux membres supérieurs montrent un développement fort inégal : le droit, encore assez long, a le bras bien proportionné; l'avant-bras est très court; la main, fortement luxée en dedans, vient s'appliquer sur l'avant-bras par son côté interne; elle ne porte que quatre doigts, c'est le pouce (1er doigt) qui a avorté. — Le bras gauche est beaucoup plus court et moins épais que le droit; l'avant-bras paraît manquer tout-à-fait, et la main semble s'articuler directement avec le coude; elle présente la même disposition que la main droite, c'est-à-dire qu'elle applique son bord interne contre le bras; sa paume est aussi longue, mais moins large que l'autre, et elle n'a que deux doigts, qui se recourbent en demi cercle en sens inverse, se dirigent l'un vers l'autre en se croisant, et offrent quelque ressemblance avec une pince de crabe.

Les membres inférieurs sont assez bien proportionnés relativement à la longueur du corps, mais ils sont maintenus dans un état de flexion permanente; l'enfant reste assis sur ses jambes croisées à la manière des tailleurs. Les cuisses sont assez longues et épaisses; les jambes sont aplaties d'un côté à l'autre, arquées en dedans; les pieds très aplatis, fortement *vari*, s'appliquent par leurs faces plantaires, le gauche contre la fesse droite, en recouvrant l'anus, le droit, croisé par dessus l'autre, contre le haut de la cuisse gauche.

Les téguments ne présentent rien de particulier.

Dissection. — Ayant enlevé la peau je trouve le tissu conjonctif sous-cutané dans son état normal, c'est-à-dire sans aucune trace d'infiltration séreuse; mais les muscles, altérés, ramollis, macérés par suite de leur trop long séjour dans un alcool affaibli, laissent sans résultat toutes mes tentatives de dissection ; je dois me borner à constater que leurs masses présentent une épaisseur qui exclut toute idée de rétraction musculaire.

L'examen des organes digestifs, respiratoires et circulatoires ne me donne à noter aucune anomalie.

Ni le cerveau ni la moëlle épinière n'ont pu être examinés, vu leur état d'altération.

Squelette. — Considéré dans son ensemble et mis en regard de celui d'un enfant nouveau né exempt d'anomalie, et de taille moyenne, le squelette se trouve frappé d'arrêt de développement dans toutes ses parties. — Tous les os, sans exception, sont beaucoup plus courts et ont perdu, en grande partie, leurs dimensions en largeur et en épaisseur.

Le crâne est complètement déformé; il montre une obliquité très marquée provenant de ce que toute sa moitié droite a été poussée en avant, tandis que la moitié gauche éprouvait un déplacement en sens inverse. Il est en outre déprimé dans la partie postérieure de la voûte, et cette dépression délimite transversalement l'emplacement occupé en arrière par le cervelet. — Le frontal droit est plus avancé que le gauche; par contre le pariétal gauche a reculé d'environ 7 millimètres comparativement au droit ; le déplacement en avant de la moitié droite de la tête est surtout marqué sur l'os malaire, qui est en saillie d'environ un centimètre sur le gauche.

L'os nasal droit est de moitié plus étroit que l'autre, et l'intermaxillaire manque complètement à droite : c'est la condition de la production du bec de lièvre. — La voûte palatine est néanmoins restée complète en arrière de l'arcade dentaire. Le temporal gauche ne montre aucune trace de conduit auditif. Le maxillaire a aussi perdu sa forme régulière ; sa branche droite est devenue plus saillante, pour s'accommoder à la déviation en avant du temporal, avec lequel elle s'articule.

Le rachis présente plusieurs malformations; sa région cervicale, très diminuée de longueur, a conservé ses sept vertèbres ; la région dorsale, encore plus raccourcie, refoulée sur elle même, paraît réduite à 7 ou 8 vertèbres, sur aucune desquelles on ne retrouve ni la forme, ni les dimensions normales ; elles sont en effet déformées, soudées et confondues ensemble sur plusieurs points. La région lombaire a perdu aussi de sa longueur, mais elle a conservé son nombre ordinaire de vertèbres ; le sacrum et le coccyx, arrêtés dans leur développement, ont complètement avorté, et la dernière vertèbre lombaire prend appui sur le bord supérieur du bassin modifié, auquel elle est rattachée par des productions ligamenteuses. Les côtes rapprochées les unes des autres par suite du refoulement des vertèbres dorsales, se sont soudées par tous les points ou elles se sont trouvées en contact ; cet état de coalescence générale a amené dans les deux régions costales une confusion dans laquelle il est impossible de rien reconnaître. Ainsi à droite, la première côte, très large, s'attache au rachis par trois têtes ; plus bas, la troisième et la quatrième sont réunies dans la première moitié de leur longueur ; il en est de même de la sixième et de la septième, qui est la dernière. Du côté gauche, la première côte se fond dans la deuxième, à environ 4 millimètres de sa tête ; la troisième, très large, parait composée de doubles éléments ; la quatrième, la cinquième, la sixième et la septième sont soudées sur plusieurs points de leur longueur et forment ensemble une espèce de réseau à mailles irrégulières. La huitième et la neuvième (dernière) réunies par leurs têtes, se séparent ensuite pour se resouder un peu plus loin ; elles redeviennent libres à leurs extrémités.

Le sternum raccourci s'est relevé au point de venir à peu près toucher le menton et a pris une direction presque horizontale ; les cartilages costaux se sont allongés pour suivre ce mouvement du sternum, et la cavité thoracique a ainsi regagné en profondeur une partie de ce qu'elle avait perdu en hauteur.

Les deux os iliaques n'étant plus séparés l'un de l'autre par le sacrum, se sont rapprochés et soudés sur la ligne médiane ; ils laissent entre leurs extrémités inférieures un trou à contour ovale supérieurement, et se terminant en pointe inférieurement par le rapprochement jusqu'au contact des extrémités articulaires des deux os. Les ischions et les pubis sont en situation à peu près normale.

Les omoplates, moins diminués que tous les autres os, ont conservé leur configuration ordinaire ; les deux humérus, comme on le verra d'après le tableau ci-dessous, sont inégalement raccourcis. Il n'y a pas de radius à l'avant-bras droit, le cubitus s'y trouve seul ; au membre gauche, les deux os ont tout-à-fait disparu.

A la main droite, l'articulation cubito-carpienne est complètement luxée ; le carpe à glissé en dedans, et s'est fixé à angle droit contre le côté interne de l'extrémité inférieure du cubitus. Les quatre doigts existants sont complets, le pouce a disparu sans laisser de vestiges. La main gauche à pris sur l'extrémité inférieure de l'humérus exactement la même situation que la droite sur le cubitus, c'est-à-dire qu'elle s'est luxée et qu'elle est venue se fixer à angle droit sur le côté interne de l'extrémité inférieure de l'humérus ; il n'y existe que deux métacarpiens écartés en éventail ; l'interne, très large, porte sur chacune de ses faces un sillon longitudinal médian indiquant qu'il résulte de la coalescence de deux os ; il porte trois phalanges, dont les deux premières sont très larges aussi. Le doigt externe est complet. Je ne reviendrai pas ici sur leur courbure qui a été décrite plus haut.

Les fémurs n'ont rien de remarquable que leur brièveté.

Les tibias et les péronés sont fortement courbés en dedans; les pieds, complètement aplatis, ont leur face plantaire tournée du côté interne. (Pied bot varus.) La déformation des os des jambes et des pieds ne doit-être considérée, dans ce cas particulier, que comme le résultat de l'adaptation des membres inférieurs à la direction vicieuse que leur avait imprimée la contracture de leurs muscles.

MENSURATIONS.

	SUJET ANORMAL Côté gauche.	SUJET ANORMAL Côté droit.	SUJET NORMAL
Crâne, diamètre antéro-postérieur.	0.096		0.100
» » bipariétal	0.075		0.082
» hauteur du sommet des pariétaux au trou occipital .	0.069		0.083
Colonne vertébrale, longueur totale	0.056		0.194
» » région cervicale	0.015		0.035
» » » dorsale.	0.030		0.077
» » » lombaire	0.016		0 045
» » » sacrée et coccyx. . .	manque		0.034
Côtes, longueur de la 7e.	0.046		0 064
Sternum.	0.023		0.050
Bras, longueur totale.	0.056	0.091	0.194
Omoplate, longueur	0.032	0.032	0.039
» largeur.	0.027	0.026	0.035
Clavicule	0.035	0.036	0.042
Humérus, longueur	0.042	0.055	0.070
» largeur au milieu du corps	0.004	»	0.006
Radius, longueur	manque		0.055
Cubitus, longueur.	manque	0.038	0.065
Main, longueur	0.045	0.050	0.046
Bassin, longueur	0.040		0.050
» largeur	0.034		0.048
Membre inférieur, longueur totale	0.129		0.168
Fémur, longueur	0.059		0.080
» largeur au milieu du corps	0.035		0.065
Tibia, longueur	0.052		0.070
Péroné, longueur	0.049		0.064
Pied, longueur.	0.034		0.050

Obs. XVIII. — Enfant ayant vécu huit jours. — Déformation du crâne et des membres. — Contracture musculaire générale ayant produit la fracture de tous les os des membres et des côtes. — Pieds-bots. — Ramollissement du cerveau (*).

Ce monstre, que M. J. Guérin déclare être sans analogies dans la science, présente les particularités suivantes, dont je dois me borner à reproduire ici le résumé et le dessin empruntés à l'auteur (voir pl. V) :

1° Asymétrie et chevauchement des deux moitiés latérales de la boîte crânienne et de la face ; os wormiens formant la moitié environ.

2° Déformation et ramollissement du cerveau, avec développement exagéré de tout le système vasculaire encéphalique, et injection profonde de tout le tissu cérébral, raccourcissement et tension extrême des nerfs.

3° Incurvation et déviation à droite de l'épine dorsale.

4° Fractures récentes de plusieurs côtes, et nodosités de la plupart d'entre elles.

5° Brièveté et distorsion remarquables des membres supérieurs, avec fractures consolidées et déformations des os des bras et des avant-bras, produisant des difformités qui se répètent exactement à droite et à gauche, et qui consistent en une flexion anguleuse de l'humérus dans sa continuité, avec pronation extrême et subluxation de l'avant-bras sur le bras.

6° Déformation considérable et distorsion des membres inférieurs, se répétant exactement à droite et à gauche, et offrant : *a* une courbure anguleuse des fémurs ; *b* une flexion permanente avec adduction des jambes sur les cuisses, et fracture consolidée avec saillie anguleuse des os des jambes ; *c* pieds-bots *varus équins* portés à un degré considérable.

7° Rétraction extrême de tous les muscles des membres et de quelques-uns de la colonne vertébrale.

(*) J. Guérin. Rech. s. les diff. congén., obs. V, p. 108.

M. J. Guérin fait suivre son observation si complète et si intéressante, des réflexions suivantes, qui apportent une telle confirmation aux idées que j'ai émises plus haut, que je ne puis me dispenser de les reproduire par extraits :

» Chez ce monstre, la maladie initiale aurait pu être reconstituée par les effets considérables qu'elle a produits lors d'une première et très ancienne atteinte. Mais la maladie s'est renouvelée à une autre période peu éloignée de la mort du sujet, et a fourni le double avantage de faire reconnaître à l'autopsie, les altérations propres à ces deux atteintes.

» Quoique la description que nous avons donnée des moindres particularités de l'histoire de cet intéressant sujet parle comme d'elle-même, pour assurer notre conclusion, nous ne croyons pas inutile de résumer de nouveau quelques-uns des détails qui se rapportent à la seconde atteinte de la maladie, avant d'insister sur ceux qui appartiennent non moins évidemment à la première.

» L'enfant avait vécu huit jours. Le système vasculaire de l'intérieur du crâne était *extrêmement développé*. Les veines, du volume d'une petite plume d'oie, sillonnaient en tous sens la surface extérieure du cerveau. Les vaisseaux de la pie-mère, *excessivement* nombreux et plus *volumineux* qu'à l'ordinaire, donnaient à cette membrane *une couleur rouge foncée*. La cavité des ventricules latéraux était plus vaste de moitié qu'à l'état normal. Enfin, la substance cérébrale était *généralement molle*, presque *diffluente*, et la moëlle allongée elle-même avait participé en partie à cette altération. Mais ce qui était surtout digne de remarque, c'est que cet état si caractérisé d'une affection grave des centres nerveux, n'avait donné lieu, pendant les derniers jours du sujet, à aucune manifestation symptômatique extraordinaire. C'était donc une affection persistante, mais à l'état chronique.

» Passant aux caractères rétrospectifs de la première atteinte de la maladie, il faut rappeler d'abord la déformation du crâne en parfaite concordance avec la déformation du cerveau. Mais cette double déformation extérieure trouve elle même dans certaines particularités, d'autres témoignages d'une ancienne et précédente affection, associés à ceux de l'affection plus récente. Mais les preuves qui établissent ce point de départ dans l'observation actuelle ne sont rien auprès de la rétraction musculaire si caractérisée, et des difformités si considérables qu'elle a produites. En effet, le raccourcissement de tous les muscles était tel qu'il a dépassé en moyenne plus du tiers de la longueur du muscle ; et, dans quelques cas, il l'a réduite à la moitié.

» En ce qui concerne le rapport de chaque difformité avec la rétraction de chaque groupe de muscles, il est impossible de trouver un exemple plus démonstratif de cette parfaite concordance. Elle peut s'y lire en toutes lettres, comme dans une préparation physiologique destinée à mettre en évidence les fonctions de chaque appareil musculaire.

» Le troisième fait qui caractérise d'une façon toute spéciale ce monstre, ce sont les *fractures générales* et si *uniformes* que présentent les os longs de ses membres. Ce sont des fractures entées sur des courbures, fractures dès longtemps consolidées et caractérisées par des saillies aux points de jonction des fragments réunis et consolidés. Ce sont des fractures mécaniques parfaitement en rapport, par leur siège et leur direction, avec l'action musculaire qui les a produites. Elles constituent un nouveau témoignage en faveur de la théorie qui repose sur cette action.

» Mais comment expliquer l'existence de ces fractures chez un fœtus dont les os sont à peine formés, alors que, dans le plus grand nombre des cas, ce sont des courbures, des déplacements articulaires seulement, que produit l'action musculaire. Eh bien, dans ces cas en apparence exceptionnels et contraires à la doctrine, la coexistence des fractures et des courbures ne fait que donner satisfaction aux différents modes d'action de la *rétraction musculaire*, aidés du concours des *arrêts de développement*, dont nous avons ailleurs défini et caractérisé l'action.

« Mettons d'abord hors de cause l'hypothèse d'une intervention quelconque du rachitisme. Les os, doués plntôt d'une fragilité exceptionnelle qu'atteints de ramollissement, n'offraient ni les caractères de l'altération rachitique, ni ceux des fractures qui s'observent quelquefois dans le cours de cette maladie.

« On peut se borner, pour le moment, à cette double affirmation. Mais comment se rendre compte des deux ordres de difformités simultanées, les *courbures* et les *fractures*, qui semblent s'exclure, au point de vue même du mécanisme invoqué séparément pour chacune d'elles. Rien de plus simple et de plus conforme cependant aux exigences de ce mécanisme.

« La consolidation des fractures avec la saillie de leurs fragments témoigne qu'elles ont eu lieu à une époque assez peu avancée de l'ostéogénie ; à une époque moins avancée, la contracture musculaire n'eût pas rencontré la même résistance : elle aurait courbé ou plié les os. Quelques fractures plus récentes des côtes, non encore consolidées, viennent à l'appui de cette interprétation. Quant aux courbures coexistantes, elles expriment précisément l'un des deux effets simultanés de la même cause.

« En effet, les fractures étant réalisées par la violence instantanée de la contracture, celle-ci s'est d'abord opposée à la consolidation des fragments en ligne droite : elle a été la cause de la consolidation anguleuse. Mais à mesure que cette consolidation s'effectuait, les os subissaient, pendant leur croissance, les effets de l'arrêt de développement des muscles rétractés ; cette cause complémentaire agissant simultanément sur les os et sur les fractures, leur a imprimé sa double influence sous la forme de la courbure générale des diaphyses, et de la courbure anguleuse de la portion fracturée.

Obs. XIX. Enfant ayant vécu 24 heures ; hydrocéphalie. — Membres courts, ramassés et courbés. — 113 fractures, les unes anciennes, consolidées, les autres non réunies, mobiles. — Muscles épais, pliés et flexueux.

Cette observation, publiée par Chaussier, en 1813, est reprise par M. J. Guérin, sous le numéro 35 dans ses recherches sur les difformités, p 411. Laissant de côté ce qui a rapport à la complication d'hydrocéphalie, j'en extrais seulement ce qui est relatif à l'état du squelette et des muscles.

Les os longs des membres étaient évidemment plus courts, mais plus gros, plus épais qu'ils ne sont dans le fœtus à terme et bien conformé.

« Les os étaient aussi plus ou moins courbés sur leur longueur, et tous présentaient dans leur milieu des fractures ou divisions tranversales, quelques-unes *déjà réunies*, d'autres plus récentes, avec flexibilité et avec bruit sensible de crépitation.

« Le périoste qui couvrait les os était blanc et surtout fort épais aux endroits où l'on remarquait la flexibilité et la crépitation.

« Pour mieux connaître quel était l'état de ces surfaces transversales avec crépitation qu'il désignait sous le nom de fractures, Chaussier détacha une partie du périoste qui recouvre le tibia, et alors, en examinant les surfaces, il vit que chacune était rouge, inégale, raboteuse, formée de petits grains parsemés de petits filaments lamineux qui d'une surface s'étendaient à l'autre. Les endroits de ces os qui avaient des fractures, et qui étaient réunis, présentaient une petite saillie blanchâtre et cellulaire.

« Les muscles qui enveloppent ou recouvrent les os longs des membres étaient épais, repliés et flexueux sur leur longueur.

Le rachis, le bassin, ainsi que les mâchoires, ne présentaient aucune altération remarquable, mais les côtes nous offrirent beaucoup de fractures : les unes déjà consolidées et indiquées par un cal volumineux :

les autres encore flexibles et crépitantes. Chaque côte était fracturée en plusieurs endroits, au moins en deux points, et au plus dans cinq; enfin on compta soixante-dix fractures pour toutes les côtes

« Aux membres supérieurs, on trouva du coté droit au scuplum, une fracture consolidée ; à la clavicule, deux fractures dont une consolidée; à l'humérus trois, deux consolidées ; au radius trois, deux consolidées ; au cubitus deux, une consolidée.

« Du côté gauche, au scapulum, une fracture non consolidée; à la clavicule, une fracture non consolidée ; à l'humérus, trois, deux consolidées; au cubitus, deux, une consolidée ; enfin, au cinquième os métacarpien de chaque main, une fracture non consolidée.

« Aux membres inférieurs, du côté droit : au fémur qui était gros, courbé en dedans et court, quatre fractures consolidées ; au tibia, quatre, dont trois consolidées; au péroné, deux non consolidées; au deuxième os métatarsien une fracture non consolidée.

« Du côté gauche, au fémur, quatre fractures consolidées; au tibia, cinq dont quatre consolidées ; au péroné, deux, non consolidées. Enfin le nombre total des fractures observées dans ce petit sujet s'élève à 113.

Obs. XX et XXI. — Enfants nouveaux-nés. — Déformation générale du corps. — Augmentation du volume du crâne. — Brièveté des membres. — Arrêt de développement des os. — Anasarque.

Otto, n° 563. — **Infans rhachitide congenita deformatus** (*). — Rhachitis congenita is morbus dicitur, quo affecti ossa et musculos parum evoluta, cerebrum et hepar hypertrophica, et telam cellulosam

(*) Monstr. sexcent. anat. descriptio, p. 319, pl. 22.

14

luxuriantem habent; qui morbus corporis formam talem efficit, qualem imagine exprimandam curavi. Omne esum ejus puerili corpus nimis breve, crassum, torosum, tumefactum et leucophlegmaticum, caput prægrande, abdomen tumidum et artus decurtati sunt. Facies palpebris crassis, nasu parvo et lato, et labiis tumidis admodum turpis est. Scrotum pro ætate nimiam magnitudinem, funiculus autem umbilicalis bonam formam habet.

De internarum partium natura pauca dicenda sunt, calvaria magna et tenuis suturas et fontanellas magnas ostendit. Cerebrum permagnum et hypertrophicum, cetero quin vero sanum est; nervi olfactorii justo crassiores sunt Organa respiratoria pro corporis magnitudine parva, cor autem magnum. Etiam viscera omnia quæ ad cibos concoquendos pertinent, magna sunt; præ aliis vero hepar, cujus ingens est magnitudo. Glandulæ meseraicæ naturalem ambitum non multum excedunt. Organa uropœtica et genitalia bene se habent. Testes jam in scrotum invaserunt. Cuti magna adipis et lymphæ copia subjecta est; musculi molles et pallidi, ossa crassa quidem, sed nimis flexilia et mollia, ita ut cultio fere perscindi possint. Vasa sanguine tument nimis aquoso et pallido.

Otto, nº 564. — **Puella rhachitide depravata** (*). — Hæc puella recens nata et matura, tam prope ad superioris similitudinem accedit, ut illius gemella videri possit, neque accuratiore descriptione digna sit. nec internæ ejus partes ulla re ab illo exemplo differunt.

(*) Ibid., p. 320.

Obs. XXII. — Fœtus humain de huit mois. — Augmentation du volume du crâne. — Hydrocéphale. — Brièveté des membres. — Arrêt de développement des os. — Contracture musculaire chronique.

Otto, n° 565, p. 220. — **Monstrum humanum rhachitide congenita.** — Fœtus hic masculus, octo fere mensium, capite et artubus deturpatum, vitiosus est ; nisi fallor, rhachitide congenita laborat. Caput hydrocephalo interno vehementissime sursum extensum elevatumque est, digitisque tangentibus molle se præbet, facies parva apparet ; oculi prominent palpebrasque tumidas habent ; os magnopere hiat. Corporis truncus macilentus. Funiculus umbilicalis crassus et gelatinosus. Scrotum nonnisi rubro colore indicatur ; penis autem satis bonus præputium breve habet. Vitiosissimi sunt artus omnes, quum sint brevissimi, atrophici, mire tortuosi et flexiles. Superiores adeo breves sunt ut vix umbilici regionem attingant. Utrumque brachium in media longitudinis parte mobile est et pseudarthrosin continere videtur, antibrachia perbrevia, tenuia et flexilia, manus parvæ, digiti vehementer inflexi. Membra inferiora superioribus etiam breviora tum in utroque femore tum in cruribus pseudarthroses habent; pedes pro extremitatum parvitate longi sed angusti sunt.

Anatomica investigatio hæc docuit : calvaria ferme omnis membranacea est et singula tantum ac parva ossificationis puncta continet. Cerebrum, aqua vehementer extensum, saccum facit membranaceum, mollem et solutum. Viscera pectoris bonam quidem formam, sed exiguam magnitudinem habent ; idem de abdominis visceribus dicendum est ; omnia viscera parum sanguinis continent. Musculi pallidi, exsangues, molles et quasi gelatinosi sunt. Gravissima autem evolutionis retardatio in sceleto cernitur, quod deforme et valde imperfectum est. Omnia enim ejus ossa parva, sanguinolenta, mollia et male conformata sunt ; eorum ossificatio aut prorsus impedita aut male et perverse facta est. In calvaria, quæ aqua est vehementer extensa, ossa tantum frontalia et occipitis os ossificari cœperunt; pro ossibus parietalibus et temporalibus singula tantum puncta et fibræ osseæ cernuntur quæ concinne et fere eleganter positæ quodammodo stellæ formam efficiunt. Basis cranii firmior quidem est, sed item parum evoluta, ut faciei ossa, quæ admodum parva et imperfecta sunt. Orbitarum tegmina cerebro hydropico adeo depressa sunt, id rursus oculos protuserint. Trunci ossa omnia adsunt, sed valde imperfecta, maxime cossæ ab integritate abhorrent, quæ parum arcuatæ, flexiles et nodosæ sunt, quum materia ossea deposita singulorum quorumdam nucleorum cartilagine interruptorum formam habeat; similes igitur fere sunt monilibus. Sternum unum tantum nucleum in manubrio ostendit. Ossa extremitatum non minus deformia, parum ossificata, tortuosa et inflexa sunt et, quum artus ipsi justam longitudinem non habeant, nimia brevitate laborant; præterea in ossium cylindraceorum corporibus, materia ossea pariter atque in costis deposita est, ita ut flexilia sint et quasi aliqua vi comminuta esse videantur.

Obs. XXIII. — Déformation. — Raccourcissement des membres. — Arrêts de développement.

FORSTER (*), pl. XI, *Terata amela et peromela.*

La planche XI de l'ouvrage de Forster contient les figures de plusieurs monstres qui paraissent pouvoir rentrer dans le cadre de mon travail, mais que le manque de détails m'empêche d'apprécier à leur juste valeur. Ainsi, la fig. 4 (*Peromelus-paré-opera*, 1582, p. 745) représente un enfant que son corps trapu et ses membres courts et incomplets

(*) Die Missbildungen des Menschen.

me paraissent rapprocher singulièrement du sujet de l'obs. XVII ci-dessus.

Les fig. 6 et 7 reproduisent le phocomèle de Duméril (*Bull, soc. philomathique*, t. III, p. 122) que tous ses caractères rapprochent aussi de mes veaux aux membres raccourcis.

L'arrêt complet de développement d'un ou de plusieurs membres chez beaucoup d'autres des monstres figurés sur la même planche, peut également avoir pour cause la contracture musculaire, qui aurait attaqué le fœtus avant l'époque de la formation de ces membres.

CONCLUSIONS

1. Il ressort de l'examen des observations ci-dessus colligées, que le fœtus peut, comme l'adulte ou l'enfant, être affecté à toutes les époques de son existence, et sous l'influence des mêmes causes, d'une maladie du système nerveux périphérique paraissant s'identifier avec le tétanos, et se manifestant par la contracture tonique, permanente, des muscles de la vie de relation ; que cette affection peut s'étendre à la totalité du système musculaire, ou se localiser dans des régions quelquefois assez restreintes. Bien que les observations recueillies n'aient pour sujets qu'un petit nombre d'espèces de mammifères, il semble qu'on peut, sans crainte d'être taxé de témérité, établir ce principe que partout où il existe des muscles volontaires, il est possible de rencontrer la contracture, qui n'est que l'exagération de leur fonction physiologique.

Avant comme après la naissance, la contracture tétanique peut exister seule ou se compliquer de désordres dans les centres nerveux (obs. VIII, X, XIX, XXII), ou dans l'appareil circulatoire (obs. VIII, X, XI, XX, XXI).

Elle peut se manifester à l'état aigu (obs. III, IV. V, VI, VII, XVII, XVIII), ou revêtir la forme chronique (obs. VIII, IX, X, XI, XIV, XV, XVI, XIX, XXII).

2. La contracture musculaire, dans ses deux états, se caractérise surtout par le raccourcissement, par l'épaississement des muscles affectés, et par la tension extrême de leurs cordes tendineuses. L'action exercée sur le squelette par les muscles contracturés y développe de nombreuses anomalies, très variables suivant la conformation des parties qu'elles affectent, et surtout suivant l'époque de leur développement où elles commencent à s'y montrer. Cette action peut amener, suivant les cas, le refoulement des os, leur incurvation, leur fracture, l'arrêt de leur développement, et la déviation de leurs articulations.

3. *Refoulement des os.* — Les muscles contracturés, agissant sur les os au moment où leur solidification n'est pas encore complète, sollicitent leurs extrémités à se rapprocher l'une de l'autre, et peuvent en amener le raccourcissement, parfois considérable, sans mettre obstacle à leur développement en épaisseur. Cet effet, surtout remarquable sur les os épais et solides des fœtus de l'espèce bovine, est beaucoup moins marqué sur ceux plus légers dans leurs formes, de l'homme et de quelques animaux. Nous voyons ce refoulement se produire sur les membres (presque partout). sur le rachis (obs. IV, VIII, X, XVI XVII) et sur les côtes (obs. IV, X, XVII, XVIII). La colonne vertébrale du fœtus humain de l'obs. XVII nous en offre un exemple aussi caractérisé que possible. Poussé à l'extrême, le refoulement peut amener des fractures par écrasement des os (obs. XVIII, XIX).

4. *Incurvation.* — Si la force musculaire qui porte les deux extrémités de l'os à se rapprocher l'une de l'autre n'agit pas exactement dans le sens de l'axe du rayon osseux, ou si ce rayon est trop mince relativement à sa longueur, il peut se produire une courbure plus ou moins prononcée au lieu d'un refoulement (obs. XVII, XIX). Les deux effets peuvent se manifester simultanément, comme nous le constatons sur les membres épaissis et arqués des niatas et des bull-terriers. Sur la colonne

complexe du rachis, le concours des mêmes causes peut faire naître des déviations (obs. X, XIII).

5 *Fractures.* — Dans les cas où un rayon osseux tend à se courber sous l'effort des muscles contracturés, si l'élasticité de ce rayon se trouve diminuée parce qu'il est arrivé à un état d'ossification plus complète ; ou bien encore si la force musculaire agit par secousses brusques et répétées (convulsions cloniques), ces circonstances peuvent donner lieu à des fractures qui se consolident en formant des angles plus ou moins aigus. Des exemples de fractures et de courbures sans refoulement des os ont été fournis ci-dessus par deux fœtus humains qui en montrent sur leurs membres et sur leurs côtes (obs. XVIII, XIX).

6. *Trophonévroses.* — La perturbation si grave qui est produite par la contracture dans le fonctionnement des nerfs locomoteurs retentit nécessairement sur les nerfs préposés à la nutrition. Le maintien de la nutrition normale dépend de l'équilibre établi entre les influences antagonistes des nerfs vaso-dilatateurs et des nerfs vaso-constricteurs. Suivant que cet équilibre se trouve rompu dans un sens ou dans l'autre, il se produit des hypertrophies ou des atrophies musculaires, des aplasies ou des arrêts de développement des os. La contracture, débutant au moment où les membres sont encore à l'état de bourgeons, peut même en empêcher plus ou moins complètement la formation.

Dans certains cas où il ne s'est produit ni refoulement ni courbure, les os sont restés courts, minces, flexibles, incomplètement ossifiés ; on ne peut voir là qu'un simple arrêt de développement, conséquence probable de la prédominance d'action des nerfs vaso-constricteurs.

Ces faits peuvent être dus à une maladie agissant directement sur les centres présidant à la nutrition.

7. *Déformation de la tête.* — La déformation générale de la tête signalée dans toutes les observations est due à l'action combinée de plusieurs des causes que je viens de passer en revue. On peut constater en même temps, sur la plupart des sujets cités, un refoulement des os de la base du crâne, et un évasement de la voûte, soulevée par la

poussée du cerveau dont le volume n'a pas diminué et qui se trouve chassé de sa position primitive par le rétrécissement de la partie inférieure de la boîte crânienne. Les parois osseuses de la voute sont d'autre part tiraillées dans tous les sens par les muscles qui les enveloppent et y produisent les bosselures et les chevauchements qu'on y observe.

L'arrêt de développement des os de la face, qui donne aux veaux niatas et aux chiens bull-terriers une physionomie si caractéristique, est rendu presque impossible chez l'homme par la réduction déjà extrême chez lui de tous ces os Dans un seul cas (obs. 17), on peut attribuer à cette cause l'apparition d'un bec-de-lièvre.

La saillie et le relèvement du menton chez les niatas ne constituent qu'un simple phénomène d'adaptation.

8. *Déviation des articulations.* — La même cause qui produit la courbure des rayons osseux, c'est-à-dire le défaut d'équilibre dans l'application des forces musculaires qui se contrebalancent à l'état normal, amène fréquemment la déformation des surfaces articulaires, et peut avoir pour conséquence, comme nous avons eu plus d'une occasion de le constater, la production du pied-bot, ou même la luxation complète des articulations.

9. *Anomalies régressives.* — La réapparition des péronés sur presque tous les veaux niatas dont le squelette a été l'objet d'un examen, et les anomalies des organes génito-urinaires signalées dans quelques cas, avec persistance du cloaque, ne peuvent être considérées que comme des anomalies régressives, conséquences indirectes et éloignées de l'affection tétanique dont elles viennent grossir le cortège.

10. *Hérédité.*— Les sujets affectés pendant leur âge fœtal, de la contracture musculaire tétanique peuvent naître viables ; ils peuvent même, placés dans des conditions favorables, et par une sélection attentive, transmettre à leur descendance tout ou partie de leurs difformités, et constituer des races qui se maintiendraient difficilement sans le concours et les soins de l'homme.

11. Malgré les nombreuses difformités qui les distinguent, et bien que ces difformités se reproduisent avec une telle constance qu'elles pourraient caractériser une famille naturelle, les êtres anormaux qui nous occupent n'ont pas de place marquée dans les classifications tératologiques. Pour Isidore Geoffroy St Hilaire, toutes leurs anomalies ne constitueraient que des hémitéries appartenant à plusieurs de ses classes. J'ai déjà eu l'occasion de faire remarquer les nombreux rapports qu'ils présentent avec les monstres Ectroméliens, dont ils pourraient être considérés en quelque sorte comme les précurseurs. Dans la classification de Davaine, ils ne pourraient se ranger que dans la classe des *malformés* dans laquelle, néanmoins, aucune place ne paraît leur avoir été réservée. La méthode étiologique, à l'édification de laquelle M. Jules Guérin a déjà consacré de si éminents travaux, peut seule créer une classification dans laquelle ces difformités trouveront leur véritable place. Malheureusement cette classification est encore à faire, bien que les premières lignes se trouvent tracées dans les ouvrages de M. J. Guérin, Davaine, et de quelques autres anatomistes.

Les dénominations qui ont été jusqu'ici imposées à quelques-uns de nos sujets : *veaux à tête de chien, veaux cynocéphales, niatas*, ne sauraient être conservées, parce qu'elles cessent d'être applicables aux individus d'autres espèces qui présentent les mêmes difformités. Je ne chercherai pas à les remplacer par une autre, qui devrait être basée non sur la forme de leurs anomalies, mais sur la nature ou sur la cause de ces anomalies. J'abandonne ce soin pour le moment, heureux si j'ai pu, dans ce travail que je laisse forcément incomplet, attirer l'attention des naturalistes sur une série de dysmorphies intéressantes, dont l'apparition assez fréquente ne peut manquer de fournir bientôt l'occasion d'en faire une étude plus approfondie.

BIBLIOGRAPHIE

BARRIER, Professeur d'anatomie à l'École vétérinaire d'Alfort. — Sur quelques cas de cynocéphalie. — Bulletin et Mémoires de la Société centrale de Médecine vétérinaire. Séance du 9 Avril 1885.

BUFFON. — Histoire naturelle, 1re édition, 1753.

COLIN, G., Professeur de physiologie à l'École vétérinaire d'Alfort. — Traité de physiologie comparée des animaux domestiques, 1854-1856, 2 vol.

CHARCOT. — Les maladies du système nerveux.

DALLY, E. — Dictionnaire encyclopédique des sciences médicales, Directeur : E. Dechambre. Articles Déformations et Difformités.

DARESTE, C., Docteur ès-sciences, Professeur à la Faculté des Sciences de Lille. — Rapport sur un veau montrueux. — Archives de l'agriculture du nord de la France, 15e année, 1867, p. 145.

— Recherches sur la production artificielle des monstruosités, ou essais de tératogénie expérimentale, 1877.

DARWIN. — Voyage d'un naturaliste autour du monde, fait à bord du navire *le Beagle* de 1831 à 1836, traduit de l'anglais par Ed Barbier, 1875.

— De la variation des animaux et des plantes sous l'action de la domesticité, traduit par Moulinié, 1868, 2 vol.

DAUBENTON. — Histoire naturelle de Buffon, 1re édition, 1753.

DELPLANQUE, E., Médecin-Vétérinaire, Conservateur du musée de Douai. — Études tératologiques, 4 fascicules, 1849, 1867, 1875 et 1885.

FORSTER, Auguste. — Die Missbildungen des Menschen, 1861.

FRANK, François. — Article système nerveux. — Dict. de Dechambre.

GEOFFROY-SAINT-HILAIRE, Isidore. — Histoire générale et particulière des anomalies de l'organisation chez l'homme et les animaux, ou traité de tératologie, 1832, 3 vol.

GERVAIS, Paul. — Histoire naturelle des mammifères, avec l'indication de leurs mœurs et de leurs rapports avec les arts, le commerce et l'agriculture, 1855, 2 vol.

GUÉRIN, Jules. — Essai d'une théorie générale des difformités chez les monstres, le fœtus et l'enfant. — Compte-rendu, Acad. des Sciences, 1840, t. II, p 556.

— Recherches sur les difformités congénitales chez les monstres, le fœtus et l'enfant, 1880, 3 vol. et 1 atlas.

GURLT. — Traité de physiologie comparée

HŒCKEL, Ernest. — Anthropogénie, ou Histoire de l'évolution humaine, leçons familières sur les principes de l'embryologie et de la phylogénie humaine.

HAYEM. — Article pathologie musculaire. Dict. Dechambre,

JACCOUD. — Pathologie interne, de l'allemand, sur la 2e édition, par Ch. Letourneau, 1877.

KELSCH, A. — Dictionnaire encyclopédique des sciences médicales, Directeur : E. Dechambre. — Article Rétraction.

KOLLIKER. — Embryologie, ou Traité complet du développement de l'homme et des animaux supérieurs, traduit par Schneider, 1882.

LELOIR. — Art. trophonévroses. Dict. de Jaccoud.

LEYH, Fréd.-A., Professeur et directeur-adjoint de l'École royale vétérinaire de Wurtemberg, traduit par Zundel, 1871.

ONIMUS. — Dictionnaire encyclopédique des sciences médicales, Directeur : E. Dechambre. — Article Contractures.

OTTO, A.-W. — Monstrorum sexcentorum descriptio anatomica, 1841.

OWEN. — Catalogue descriptif de la collection ostéologique du collège de chirurgiens, 1853.

PONCET (de Cluny). — Nouveau dictionnaire de médecine et de chirurgie pratiques, Directeur : Dr Jaccoud. — Article Tétanos.

RIGOT, Professeur d'anatomie et de physiologie à l'École vétérinaire d'Alfort. — Traité complet de l'anatomie des animaux domestiques, continué par Lavocat, Professeur d'anatomie et de physiologie à l'École vétérinaire de Toulouse, 1840 à 1848, 6 fascicules.

SIMON, Jules. — Nouveau dictionnaire de médecine et de chirurgie pratiques Directeur : Dr Jaccoud. — Article Contracture.

VOGEL, Julius. — Traité d'anatomie pathologique générale, traduit de l'allemand, 1847.

Prof. WANNEBROUCQ. — Trophonévrose de la face. — Bull. méd. du Nord, 1879.

WEIR-MITCHELL. — Lésions des nerfs.

EXPLICATION DES PLANCHES

PLANCHE I.

Fig. 1.— Squelette d'un veau niata (obs. 4).
Fig. 2.— Squelette du veau cryptomèle (obs. 13).

PLANCHE II.

Fig. 1.— Veau niata, myologie d'un membre antérieur droit (obs. 4).
Fig. 2 — Veau niata, myologie d'un membre postérieur droit (id.).
Fig. 3.— Veau niata, organes génito-urinaires (id.).

Vu.— Vulve.
Cl. — Cloaque.
S. — Sphincter.
R. — Rectum.
Va.— Vagin.
Ve.— Vessie.
Co.— Col de la vessie.
Ur.— Orifice d'un uretère.
U. — Uterus.
Or.— Orifice de l'utérus dans la vessie.

D'après des photographies de M. Ed. Gosselin (atelier de phot. du Musée de Douai.)

Ou.— Ouraque.
C. — Cordon ombilical.

PLANCHE III.

Fig. 1.— Crâne d'un veau niata (obs. 6).
Fig. 2.— Id. (obs. 5).
Fig. 3.— Id. (obs. 7).
Fig. 4.— Crâne d'un veau, fœtus normal à terme.
Fig. 5.— Tête d'un veau niata (obs. 9).
Fig. 7.— Crâne du même veau (obs. 9).
Fig. 6.— Crâne d'un veau niata (obs. 10).
Fig. 8.— Crâne d'un chien bull-terrier.
Fig. 9.— Crâne d'un chien de chasse.

PLANCHE IV.

Fig. 1.— Veau niata affecté d'anasarque (obs. 10). D'après un dessin de M. J. de Guerne.
Fig. 2.— Squelette du même vu en dessus (obs. 10).
Fig. 3.— Veau cryptomèle, aspect extérieur (obs. 13).

PLANCHE V.

Fig. 1.— Fœtus humain contracturé (obs. 17).
Fig. 2.— Squelette du même (obs. 17).
Fig. 3.— Fœtus humain contracturé, avec fract multiples (obs. 18), d'après M. J. Guérin.
Fig. 4.— Fœtus humain avec anasarque (obs. 20), d'après Otto.

Bon à imprimer :
Le Président de la Thèse.
E. WANNEBROUCQ.

Vu :
Le Doyen de la Faculté,
E. WANNEBROUCQ.

Vu et permis d'imprimer :
A Douai, le 25 Novembre 1885.
Le Recteur de l'Académie,
D. NOLEN.

TABLE DES MATIÈRES

DEUXIÈME PARTIE.

TROISIÈME PARTIE.

Espèce canine. — *Bull-Terriers.*

Espèce ovine.

Espèce humaine.

PL.I.

Fig.I.

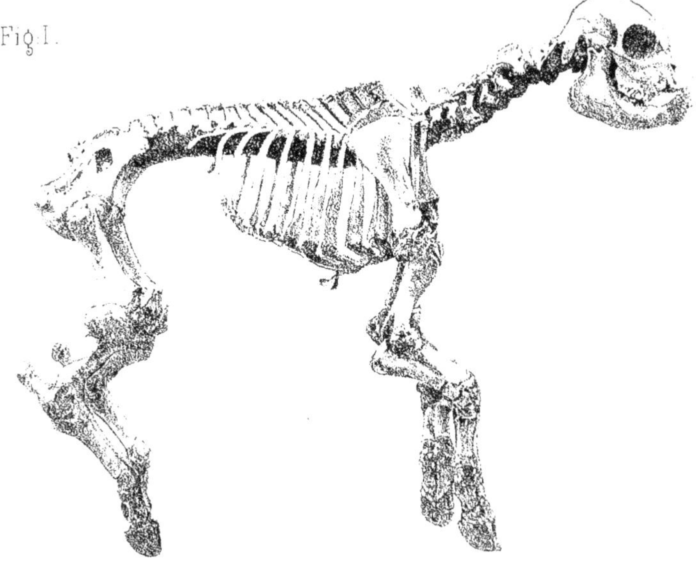

Fig.II.

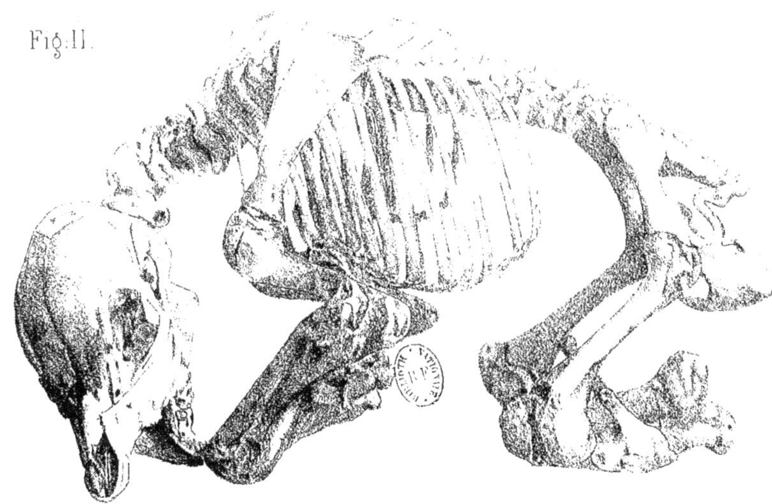

Douai Imp. Paul Dutilleux

PL: II.

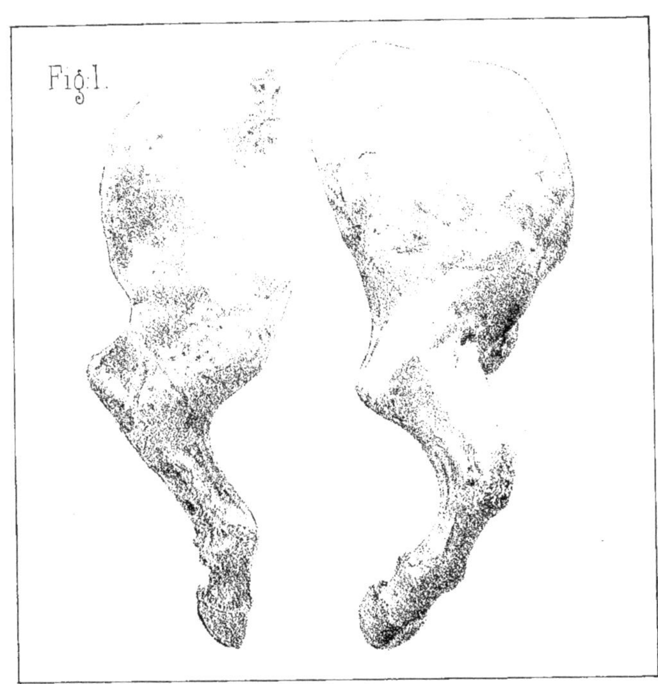
Fig: I.

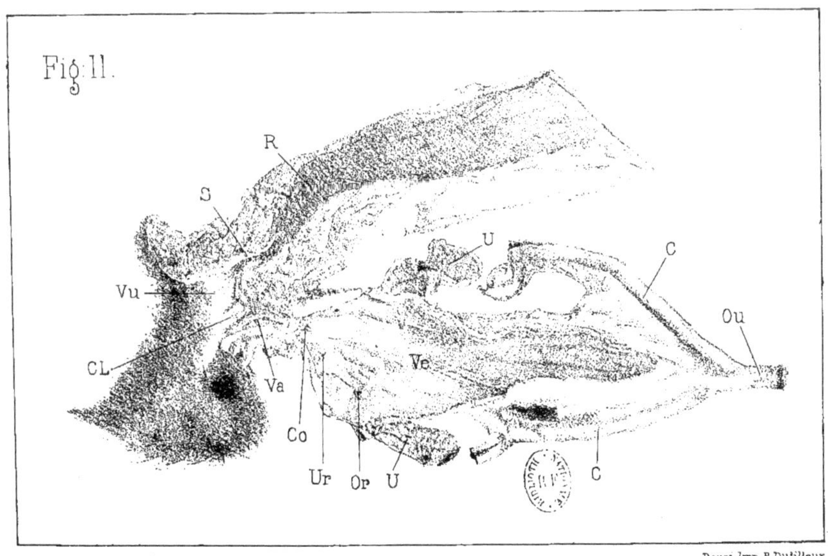

Fig: II.

PL: III.

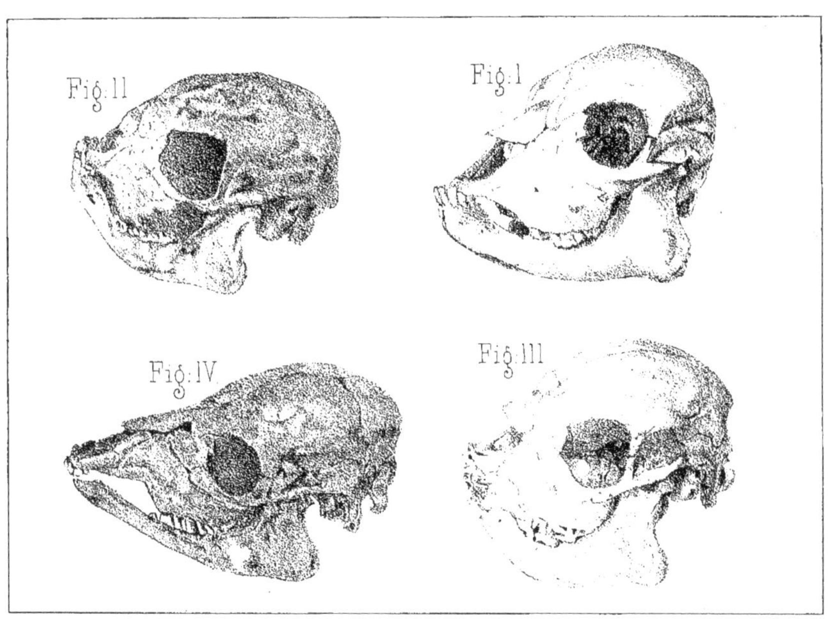

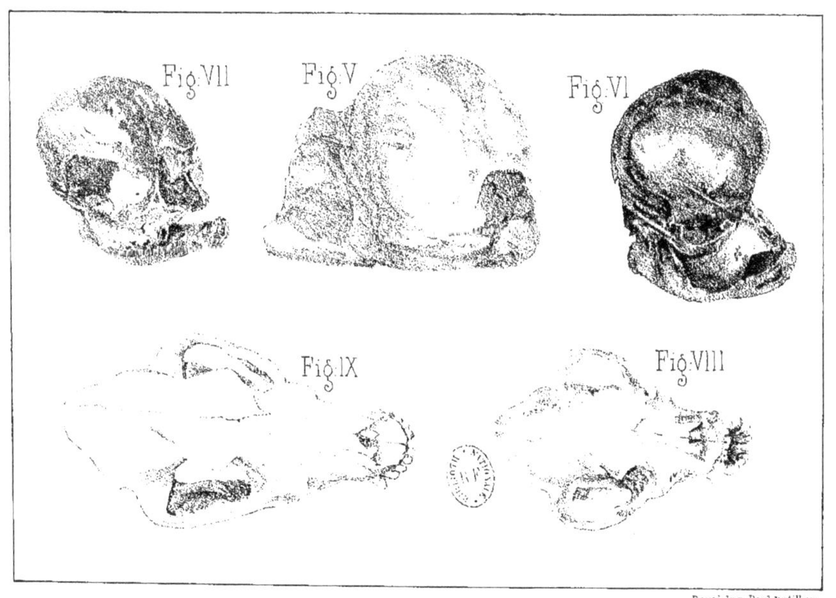

Douai. Imp. Paul Dutilleux

PL. IV

Fig. I

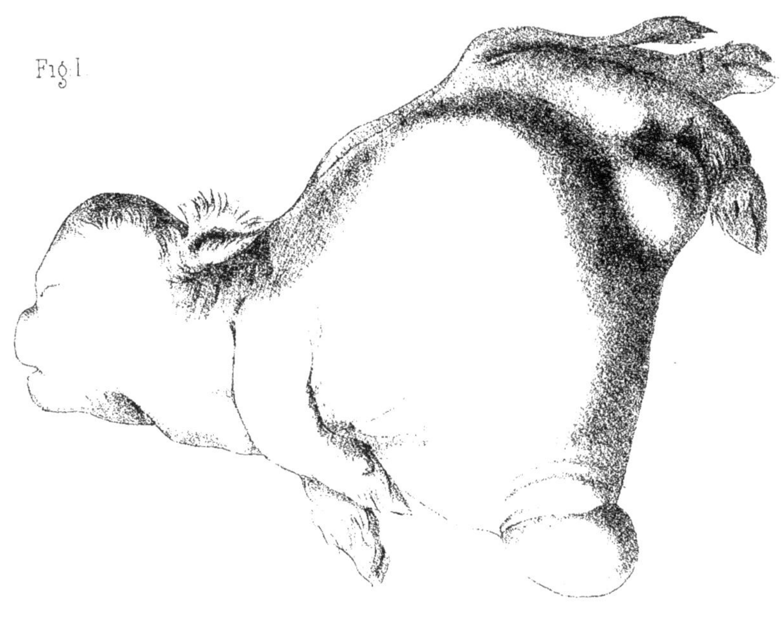

Fig. II

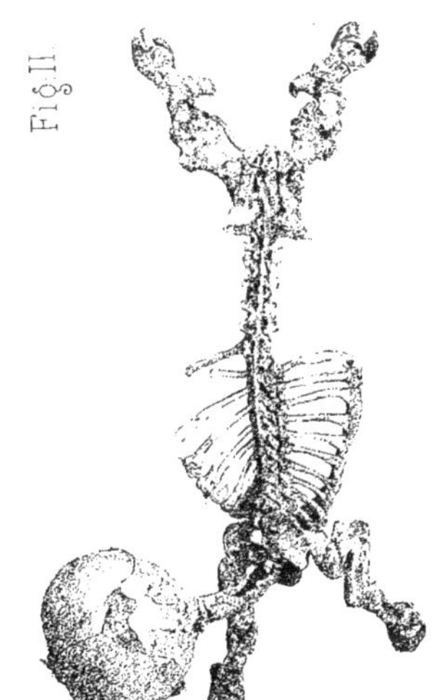

Fig. III

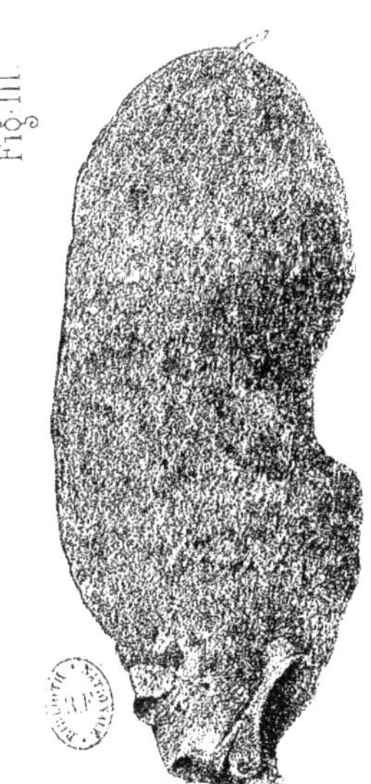

Douai, Imp. Paul Dutilleux

PL.V.

Fig: I.

Fig: II.

Fig: III.

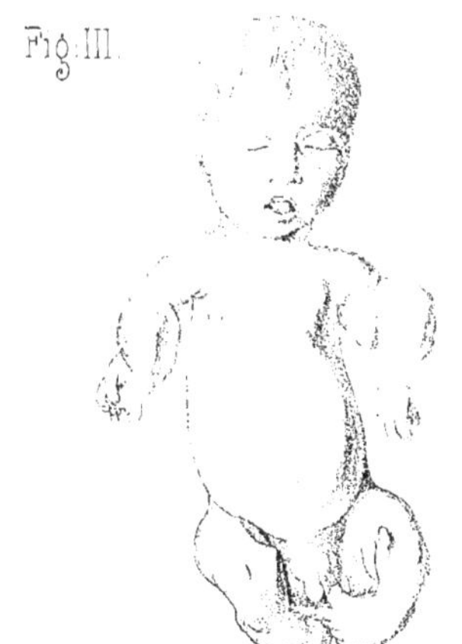

Fig: IV.

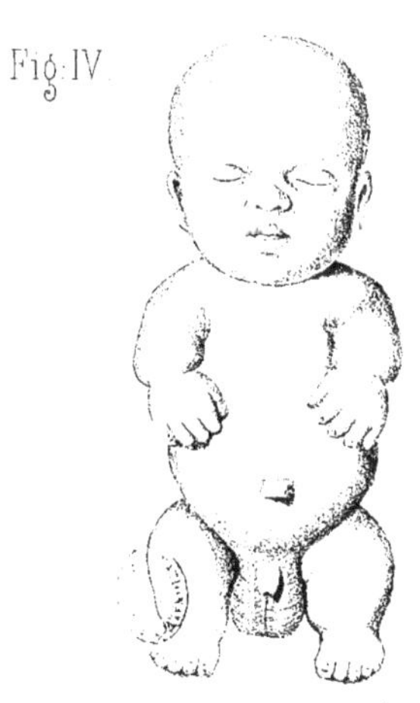

A LA LIBRAIRIE DOIN

8, Place de l'Odéon, PARIS

R. MONIEZ, Professeur à la Faculté de Médecine de Lille. — **Essai monographique sur les cysticerques**, in-4° de 190 pages, avec 3 planches hors texte, contenant 37 figures, 1880.
PRIX. . . . . 15 fr.

R. MONIEZ, Professeur à la Faculté de Médecine de Lille. — **Etudes sur les cestodes**, 1 vol. in-4° de 200 pages, avec 12 planches hors texte, 1881. — PRIX . . . . 30 fr.

J. BARROIS.—**Recherches sur l'embryologie des Bryozoaires**, 1 vol. in-4° de 305 pages, avec 16 planches en partie coloriées, Lille 1877. — PRIX . . . . 30 fr.

PAUL HALLEZ, Professeur à la Faculté des Sciences de Lille. — **Contribution à l'Histoire naturelle des Turbellariés**. 1 vol. in-4° de 213 pages, avec 11 planches, Lille 1879.
PRIX. . . . . 25 fr.

ROUZAUD, Docteur ès-sciences. — **Recherches sur le développement** des organes génitaux de quelques gastéropodes, hermaphrodites, 1 vol. in-8° de 150 pages, avec 8 planches chromo-lithographiées hors texte, 1885. — PRIX . . 8 fr.

BALBIANI, Professeur au Collège de France. — **De la génération des vertébrés.** Recueilli et publié par M. F. HENNEGUY, Préparateur du cours. 1 beau vol. grand in-8°, avec 150 figures dans le texte et 6 planches chromo-lithographiées, 1879 . . . . . 15 fr.

BALBIANI. — **Leçons sur les sporozoaires**, recueillies par le Dr J. PELLETAN. 1 vol. gr. in-8°, contenant 52 figures dans le texte et 3 planches lithographiées hors texte. 1884 . . . 10 fr.

LILLE. — Imp. LIÉGEOIS-SIX, rue Léon Gambetta, 241.

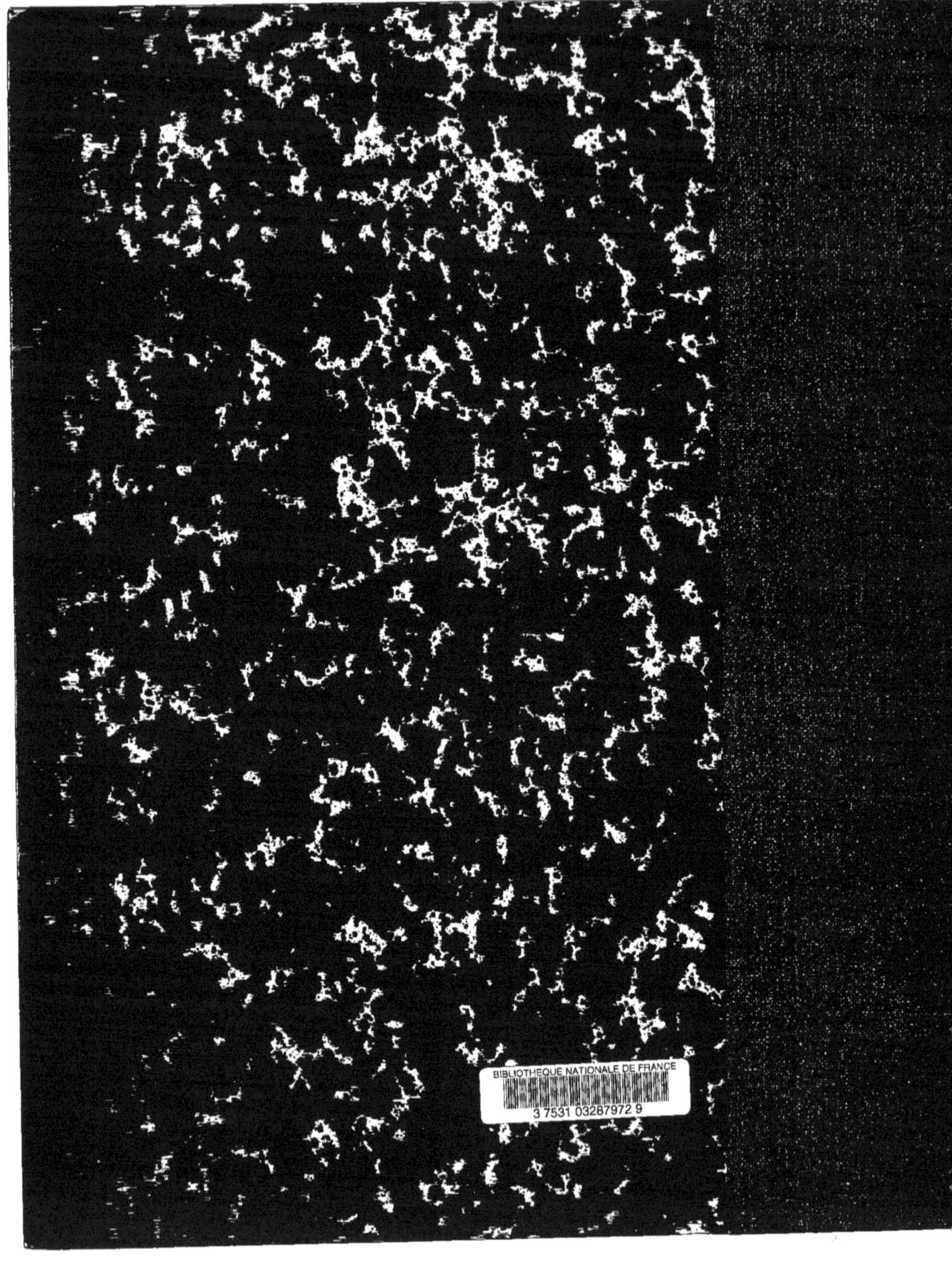

www.ingramcontent.com/pod-product-compliance
Ingram Content Group UK Ltd.
Pitfield, Milton Keynes, MK11 3LW, UK
UKHW012040240726
13965UKWH00003B/920